Shahid Ahmad Shergojry
Mussavir Ul Nisha

Introdução à genética molecular

Shahid Ahmad Shergojry
Mussavir Ul Nisha

Introdução à genética molecular

Perguntas de escolha múltipla sobre reprodução e genética animal

ScienciaScripts

Cover image: www.ingimage.com

This book is a translation from the original published under ISBN 978-620-7-99518-9.

Publisher:
Sciencia Scripts
is a trademark of
Dodo Books Indian Ocean Ltd. and OmniScriptum S.R.L publishing group

120 High Road, East Finchley, London, N2 9ED, United Kingdom
Str. Armeneasca 28/1, office 1, Chisinau MD-2012, Republic of Moldova, Europe
Printed at: see last page
ISBN: 978-620-8-22767-8

Índice

Prefácio

Bem-vindo ao banco de perguntas de escolha múltipla de Genética Molecular Básica e Reprodução Animal. Esta coleção abrangente de perguntas foi meticulosamente compilada para ajudar os estudantes na sua preparação para exames competitivos nos domínios da genética e da reprodução animal. Como editores, reconhecemos a importância de uma compreensão sólida destes assuntos para o avanço das carreiras académicas e profissionais.

Objetivo e âmbito de aplicação:

Este banco de perguntas foi concebido para servir como um recurso valioso para os estudantes que procuram testar os seus conhecimentos, identificar áreas a melhorar e ganhar confiança na sua compreensão da genética básica e da reprodução animal. Abrangendo uma vasta gama de tópicos, desde princípios fundamentais a conceitos avançados, este livro tem como objetivo proporcionar uma preparação completa para vários exames competitivos.

As perguntas estão divididas em duas secções principais:

1. Genética básica:

Esta secção inclui perguntas sobre a estrutura e função do ADN, ARN e proteínas, expressão e regulação dos genes, mutações genéticas e técnicas genéticas modernas. Cada questão é elaborada para reforçar conceitos-chave e garantir uma compreensão profunda da genética molecular.

2. Criação de animais:

Aqui, centramo-nos em questões relacionadas com os princípios e métodos de melhoramento animal, incluindo seleção, hibridação, avaliação genética e técnicas modernas como a seleção genómica.

- Diversos tipos de perguntas: Perguntas de escolha múltipla (MCQs) que vão do nível básico ao avançado para atender a todos os níveis de alunos.
- Prática e revisão: Secções com perguntas práticas para ajudar os alunos a

reforçar os seus conhecimentos e a acompanhar os seus progressos.

Esperamos que este banco de perguntas seja uma ferramenta essencial no seu arsenal de estudo, proporcionando-lhe a prática e os conhecimentos necessários para se destacar nos seus exames. Ao responder a estas perguntas, acreditamos que desenvolverá uma maior compreensão da genética básica e da reprodução animal, preparando-o para o sucesso nos seus percursos académicos e profissionais.

Desejo-vos as maiores felicidades nos vossos estudos e nos vossos empreendimentos futuros.

Editor

Shahid Ahmad Shergojry & Mussavir ul Nisha

Data 20-07-2024

	Editors: Shahid Ahmad Shergojry & Mussavir ul Nisha	

Capítulo 1: Introdução à genética molecular e à reprodução animal

Genética molecular:

A genética molecular é o domínio da biologia que estuda a estrutura e a função dos genes a nível molecular. Envolve a compreensão da forma como a informação genética é codificada, replicada, expressa e transmitida de uma geração para a seguinte. Este domínio revolucionou o melhoramento animal ao fornecer ferramentas para identificar e manipular genes associados a caraterísticas desejáveis.

Termos básicos utilizados em Genética Molecular:

1. **Estrutura e função do ADN**: O ADN é a molécula que transporta a informação genética. A sua estrutura, composta por nucleótidos (adenina, timina, citosina e guanina), forma uma dupla hélice. Os genes, que são segmentos de DNA, codificam proteínas que desempenham várias funções no corpo.
2. **Expressão génica:** O processo pelo qual a informação de um gene é usada para sintetizar proteínas. Isto envolve a transcrição (copiar o ADN para ARN) e a tradução (utilizar o ARN para produzir proteínas).
3. **Variação genética**: Diferenças nas sequências de ADN entre indivíduos. As variações podem ser polimorfismos de nucleótido único (SNPs), inserções, deleções ou alterações estruturais maiores. Estas variações contribuem para a diversidade fenotípica.
4. **Mapeamento genético e Quantitative Trait Loci (QTL):** Identificação da localização de genes associados a caraterísticas específicas. O mapeamento de QTL ajuda a identificar as regiões do genoma que influenciam as caraterísticas quantitativas, como a produção de leite ou a taxa de crescimento.

Criação de animais:

A reprodução animal é a prática de seleção e acasalamento de animais para melhorar as caraterísticas desejáveis nas gerações futuras. A reprodução tradicional baseia-se na seleção fenotípica, enquanto a reprodução moderna incorpora técnicas de genética molecular.

Termos básicos utilizados na criação de animais:

1. **Seleção**: Escolha de indivíduos com caraterísticas desejáveis para reprodução. A seleção pode ser natural (sobrevivência do mais apto) ou artificial (intervenção humana).
2. **Estratégias de reprodução:** Métodos utilizados para melhorar as populações animais, incluindo a consanguinidade (acasalamento de indivíduos com parentesco próximo), a exogamia (acasalamento de indivíduos sem parentesco) e o cruzamento (acasalamento de indivíduos de raças diferentes).
3. **Hereditariedade:** A proporção da variação fenotípica que é atribuível a factores genéticos. Uma elevada hereditariedade significa que uma caraterística é largamente controlada pela genética, tornando-a mais sensível à seleção.
4. **Melhoramento genético**: O objetivo dos programas de melhoramento genético é melhorar caraterísticas como a taxa de crescimento, a resistência a doenças, o desempenho reprodutivo e a qualidade do produto. Isto é conseguido através de uma seleção cuidadosa e de estratégias de acasalamento.
5. **Seleção Genómica**: Utilização de informação genética molecular para prever o valor reprodutivo dos animais. Isto envolve a genotipagem de indivíduos para identificar marcadores genéticos associados a caraterísticas desejadas e selecionar animais com perfis genéticos favoráveis.

Integração da genética molecular e da reprodução:

A integração da genética molecular no melhoramento animal conduziu a programas de melhoramento mais precisos e eficientes. Técnicas como a seleção assistida por marcadores (MAS) e a seleção genómica permitem aos criadores tomar decisões informadas com base em informações genéticas, acelerando o melhoramento de caraterísticas desejáveis. Esta integração também facilita a gestão da diversidade genética e a conservação de raças raras ou ameaçadas de extinção.

Em resumo, a genética molecular fornece os instrumentos para compreender e manipular a base genética das caraterísticas, enquanto a reprodução animal aplica esses instrumentos para melhorar as populações animais. Em conjunto, contribuem para os avanços na produção, saúde e bem-estar dos animais.

1. **Genótipo:** A composição genética de um organismo individual, normalmente referindo-se a genes ou alelos específicos.
2. **Fenótipo**: As caraterísticas físicas ou bioquímicas observáveis de um organismo, determinadas tanto pela composição genética como pelas influências ambientais.
3. **Alelo**: Uma de duas ou mais versões de um gene. Os indivíduos herdam dois alelos para cada gene, um de cada progenitor.
4. **Polimorfismo de nucleótido único (SNP):** Uma variação num único nucleótido que ocorre numa posição específica do genoma. Os SNP são o tipo mais comum de variação genética entre os animais.
5. **Loci de traço quantitativo (QTL):** Regiões do genoma que estão associadas a uma caraterística quantitativa específica, como a produção de leite ou a taxa de crescimento.
6. **Seleção Assistida por Marcadores (MAS):** Um processo em que

um marcador (como um SNP) associado a uma caraterística desejável é utilizado para selecionar animais para reprodução.

7. **Seleção Genómica:** Uma forma de seleção em que a informação genómica (como os genótipos SNP no genoma) é utilizada para estimar o valor reprodutivo dos animais.

8. **Valor reprodutivo:** O valor de um indivíduo como progenitor, com base na contribuição genética estimada para o desempenho da descendência numa determinada caraterística.

9. **Hereditariedade:** A proporção da variação total numa caraterística que se deve a diferenças genéticas entre indivíduos. É uma medida de quão bem as diferenças nos genes das pessoas são responsáveis pelas diferenças nas suas caraterísticas.

10. **Consanguinidade:** Acasalamento de indivíduos estreitamente relacionados, o que aumenta a probabilidade de a descendência herdar os mesmos alelos de ambos os progenitores.

11. **Outbreeding (Outcrossing):** Acasalamento de indivíduos não aparentados ou distantemente relacionados para aumentar a diversidade genética e reduzir o risco de herdar alelos deletérios.

12. **Cruzamento**: Acasalamento de animais de raças diferentes para combinar caraterísticas desejáveis de ambas as raças e, frequentemente, para tirar partido do vigor híbrido (heterose).

13. **Heterose (Vigor Híbrido):** O fenómeno em que os indivíduos cruzados apresentam uma função melhorada ou aumentada numa caraterística em comparação com os seus progenitores.

14. **Previsão genómica:** O processo de previsão do valor genético de um animal com base na sua informação genómica.

15. **Disequilíbrio de ligação (LD):** A associação não aleatória de alelos em diferentes loci. O DL é utilizado na cartografia de QTL e na

seleção genómica.

16. **Deriva genética:** Alterações aleatórias nas frequências de alelos numa população, que podem levar a alterações nas caraterísticas ao longo das gerações.

17. **Imprinting genómico:** Um fenómeno genético pelo qual certos genes são expressos de uma forma específica do progenitor de origem.

18. **Epistasia**: Interação entre genes em diferentes loci, em que a presença de certos alelos afecta a expressão de outros genes.

19. **Diferencial de seleção:** A diferença entre o fenótipo médio dos indivíduos selecionados e o fenótipo médio de toda a população.

20. **Tamanho efetivo da população (Ne):** Uma medida da diversidade genética numa população, tendo em conta o número de indivíduos reprodutores e

a variação do seu sucesso reprodutivo.

A compreensão destes termos é crucial para a compreensão dos princípios e práticas da criação genómica em ciências animais.

Termos comuns em biologia molecular:

1. **ADN (ácido desoxirribonucleico):** A molécula que transporta a informação genética nas células. É composta por dois filamentos que formam uma dupla hélice.

2. **ARN (Ácido Ribonucleico):** Uma molécula semelhante ao ADN que desempenha um papel crucial na codificação, descodificação, regulação e expressão dos genes. Os tipos incluem RNA mensageiro (mRNA), RNA de transferência (tRNA) e RNA ribossómico (rRNA).

3. **Gene:** Um segmento de ADN que contém as instruções para produzir uma proteína específica ou um conjunto de proteínas.

4. **Cromossoma:** Uma longa molécula de ADN que contém parte ou a totalidade do material genético de um organismo. Os seres humanos têm

23 pares de cromossomas.

5. **Nucleótido**: O bloco de construção básico do ADN e do ARN, constituído por um açúcar, um grupo fosfato e uma base azotada (adenina, timina, citosina, guanina no ADN; adenina, uracilo, citosina, guanina no ARN).

6. **Par de bases (bp):** Um par de nucleótidos complementares numa molécula de ADN, constituído por adenina-timina (A-T) e citosina-guanina (CG).

7. **Replicação:** O processo pelo qual o ADN faz uma cópia de si próprio durante a divisão celular.

8. **Transcrição:** O processo de cópia de um segmento de ADN para ARN.

9. **Tradução**: O processo pelo qual a sequência de uma molécula de ARN mensageiro (ARNm) é utilizada para produzir uma proteína correspondente.

10. **Códon:** Um conjunto de três nucleótidos no ARNm que codifica um aminoácido específico ou um sinal de paragem durante a síntese de proteínas.

11. **Proteína:** Uma molécula composta por aminoácidos que desempenha uma vasta gama de funções no organismo, incluindo a catalisação de reacções metabólicas, a replicação do ADN, a resposta a estímulos e o transporte de moléculas.

12. **Enzima:** Uma proteína que actua como catalisador para acelerar uma reação bioquímica específica.

13. **Mutação:** Uma alteração na sequência de ADN, que pode afetar a estrutura e a função das proteínas e conduzir a variações ou doenças.

14. **Reação em cadeia da polimerase (PCR):** Uma técnica utilizada

para amplificar pequenos segmentos de ADN para criar milhões de cópias, permitindo um estudo pormenorizado.

15. **ADN recombinante**: Moléculas de ADN formadas por métodos laboratoriais de recombinação genética, como a clonagem molecular, para reunir material genético de várias fontes.

16. **Plasmídeo:** Um pequeno pedaço circular de ADN encontrado em bactérias que é separado do ADN cromossómico e pode replicar-se independentemente. É frequentemente utilizado na engenharia genética.

17. **Expressão génica:** O processo pelo qual a informação de um gene é utilizada para sintetizar um produto genético funcional, normalmente uma proteína.

18. **Promotor:** Uma região do ADN que inicia a transcrição de um determinado gene. Os promotores estão localizados perto dos sítios de início da transcrição dos genes.

19. **Operão**: Uma unidade de ADN que contém um conjunto de genes sob o controlo de um único promotor, encontrado principalmente em procariotas.

20. **Epigenética:** O estudo das alterações na função dos genes que não envolvem alterações na sequência do ADN, mas que podem ser transmitidas às células filhas. Isto inclui modificações como a metilação do ADN e a modificação das histonas.

21. **Animal transgénico:** Um animal ao qual foi inserido deliberadamente um gene estranho no seu genoma através de técnicas biotecnológicas.

22. **Edição de genes:** Técnicas como a CRISPR-Cas9 que permitem alterações precisas no ADN de um organismo, incluindo a inserção, a eliminação ou a modificação de genes.

23. Clonagem: Criação de uma cópia geneticamente idêntica de um organismo. Em animais, isto refere-se frequentemente à transferência nuclear de células somáticas (SCNT).

4. Transferência nuclear de células somáticas (SCNT): Uma técnica de clonagem em que o núcleo de uma célula somática é transferido para um óvulo enucleado, que depois se desenvolve num embrião.

5. Biopharming: A utilização de animais geneticamente modificados para produzir produtos farmacêuticos no seu leite, sangue, ovos ou outros tecidos.

6. Tecnologia de ADN recombinante: Técnicas utilizadas para juntar moléculas de ADN de diferentes fontes e inseri-las num organismo hospedeiro para produzir novas combinações genéticas.

7. OGM (Organismo Geneticamente Modificado): Um organismo cujo material genético foi alterado através de técnicas de engenharia genética.

8. Bioreactor: Um animal ou parte de um animal (como células ou órgãos) utilizado para produzir produtos biológicos, como proteínas ou anticorpos.

9. Células estaminais: Células indiferenciadas com o potencial de se desenvolverem em diferentes tipos de células. São utilizadas na medicina regenerativa e na investigação.

10. **Animal Knockout**: Um animal em que um ou mais genes foram intencionalmente eliminados ou "nocauteados" para estudar os efeitos da perda desse gene.

11. **Animal Knock-in:** Um animal em que um gene foi inserido num locus específico do genoma, normalmente para estudar os efeitos desse gene.

12. **CRISPR-Cas9**: Uma poderosa ferramenta de edição de genes que pode cortar com precisão o ADN em locais específicos, permitindo modificações direcionadas.

13. **Terapia genética:** Uma técnica que utiliza genes para tratar ou prevenir doenças, potencialmente corrigindo genes defeituosos responsáveis pelo desenvolvimento de doenças.

14. **Biomarcador:** Uma molécula biológica encontrada no sangue, noutros fluidos corporais ou nos tecidos que é um sinal de um processo normal ou anormal, ou de uma condição ou doença.

15. **Seleção Genómica**: Utilização de informação genómica para prever o valor reprodutivo dos animais, melhorando os programas de reprodução selectiva.

16. **Xenotransplantação**: O transplante de células, tecidos ou órgãos vivos de uma espécie para outra, como de porcos para humanos.

17. Animal quimérico: Um animal que contém células de dois zigotos diferentes, que podem ser da mesma espécie ou de espécies diferentes.

18. Transferência de embriões: Um procedimento biotecnológico em que os embriões são colocados no útero de uma mulher com a intenção de estabelecer uma gravidez.

19. Fertilização in vitro (FIV): Um processo através do qual os óvulos são fertilizados por espermatozóides fora do corpo e os embriões resultantes são depois implantados no útero.

20. Biolística (Gene Gun): Um método de transferência de genes em que as partículas revestidas de ADN são fisicamente injectadas nas células ou tecidos.

21. Microinjecção: Técnica de introdução de material genético numa célula através de uma agulha fina, frequentemente utilizada na criação de animais transgénicos.

22. Modelo animal: Animais não humanos utilizados na investigação para estudar processos biológicos e de doença, frequentemente para compreender a biologia humana e desenvolver tratamentos.

Termos básicos habitualmente utilizados na reprodução animal e na genética das populações:

Criação de animais:

1. **Seleção Artificial:** O processo pelo qual os seres humanos

reproduzem seletivamente indivíduos com caraterísticas desejáveis para produzir descendentes com essas caraterísticas.

2. **Valor de reprodução (BV):** Uma estimativa do potencial genético de um indivíduo para uma caraterística específica, indicando a quantidade da caraterística que pode ser transmitida à descendência.

3. **Diferencial de seleção:** A diferença entre o fenótipo médio dos progenitores selecionados e o fenótipo médio da população em geral.

4. **Ganho genético:** A melhoria do valor genético médio de uma população ao longo do tempo devido à seleção.

5. **Consanguinidade:** Acasalamento de indivíduos estreitamente relacionados, o que aumenta a homozigotia e o risco de expressão de traços recessivos deletérios.

6. **Outbreeding (Outcrossing):** Acasalamento de indivíduos não aparentados ou distantemente relacionados para aumentar a diversidade genética e reduzir o risco de depressão endogâmica.

7. **Cruzamento**: Acasalamento de animais de raças diferentes para combinar caraterísticas desejáveis e beneficiar frequentemente do vigor híbrido.

8. **Vigor híbrido (Heterose):** Aumento do desempenho ou da aptidão da descendência híbrida em comparação com os seus progenitores.

9. **Hereditariedade (h^2) :** A proporção da variação fenotípica numa população que é atribuível à variação genética entre indivíduos.

10. **Teste de Progénie:** Avaliação do valor genético de um indivíduo com base no desempenho da sua descendência.

11. **Valor reprodutivo estimado (EBV):** Uma previsão do mérito genético de um animal para uma caraterística específica, com base em dados de pedigree e de desempenho.

12. **Seleção genómica:** A utilização de marcadores de ADN em todo o genoma para prever o valor genético de um animal, aumentando a precisão da seleção. **Termos básicos utilizados em Genética de Populações:**

1. **Frequência alélica:** A frequência relativa de um alelo num determinado locus numa população, expressa como uma proporção ou percentagem.

2. **Frequência genotípica:** A proporção de indivíduos de uma população que possuem um determinado genótipo.

3. **Equilíbrio de Hardy-Weinberg:** Um princípio que estabelece que as frequências de alelos e genótipos numa população permanecem constantes de geração em geração na ausência de influências evolutivas.

4. **Deriva genética:** Mudanças aleatórias nas frequências de alelos numa população, particularmente em populações pequenas, levando a mudanças na variação genética ao longo do tempo.

5. **Fluxo genético:** A transferência de material genético entre populações, frequentemente através da migração, que pode alterar as frequências alélicas.

6. **Mutação**: Uma alteração na sequência de ADN que pode introduzir novos genes

variação numa população.

7. Pressão de seleção: Factores externos que influenciam os indivíduos que sobrevivem e se reproduzem, afectando as frequências alélicas ao longo do tempo.

8. **Tamanho efetivo da população (Ne)**: O número de indivíduos de uma população que contribuem com descendentes para a geração seguinte, influenciando a diversidade genética.

9. **Aptidão:** A capacidade de um indivíduo sobreviver e reproduzir-se, contribuindo com os seus genes para a geração seguinte.

10. **Adaptação**: Uma mudança genética que aumenta a aptidão de um organismo num ambiente específico.

11. **Disequilíbrio de ligação (LD):** A associação não aleatória de alelos em diferentes loci, muitas vezes devido à proximidade física num cromossoma.

12. **Variação genética**: Diferenças nas sequências de ADN entre indivíduos de uma população, que fornecem a matéria-prima para a evolução.

13. **Fixação:** O ponto em que um determinado alelo se torna o único alelo no seu locus numa população, tendo uma frequência de 100%.

14. **Efeito de estrangulamento**: Uma redução acentuada no tamanho de uma população devido a eventos ambientais, levando a uma perda de diversidade genética.

15. **Efeito fundador:** Diferenças genéticas numa nova população estabelecida por um pequeno número de indivíduos, levando a uma variação genética reduzida em comparação com a população original.

16. **Coeficiente de seleção (s):** Medida da aptidão relativa de um genótipo, indicando a força da seleção natural que actua sobre ele.

17. **Carga genética:** A presença de alelos deletérios numa população, reduzindo a sua aptidão média.

A compreensão destes termos é fundamental para aprofundar a biologia molecular e as suas aplicações em vários domínios, incluindo a genética, a medicina e a biotecnologia. Compreender estes termos é essencial para navegar no campo da biotecnologia animal e apreciar as tecnologias e metodologias utilizadas para fazer avançar a investigação, a medicina e a agricultura. Compreender estes termos é essencial para compreender os princípios e práticas da reprodução animal e da genética populacional, ajudando a melhorar as populações animais e a gerir eficazmente a diversidade genética.

Engenharia genética na agricultura e na ciência animal

A genética, um ramo da biologia, estuda os genes, a variação genética e a hereditariedade nos organismos. A engenharia genética, uma área especializada dentro da genética, envolve a manipulação direta do genoma de um organismo utilizando a biotecnologia para alterar as suas caraterísticas. Esta poderosa tecnologia tem um potencial transformador em vários domínios, incluindo a agricultura, a medicina, as ciências ambientais e a biotecnologia industrial. Também conhecida como modificação genética, a engenharia genética utiliza a biotecnologia para alterar diretamente o genoma de um organismo. Na agricultura, pode melhorar as culturas, os animais e os microrganismos para aumentar a produtividade. A engenharia genética, uma biotecnologia moderna, modifica o material genético de organismos vivos para introduzir novos traços ou caraterísticas. Na agricultura, melhora o desempenho das culturas, a segurança alimentar, a qualidade e a acessibilidade dos preços. Na ciência animal, melhora a qualidade dos alimentos produzidos pelo gado.

A engenharia genética fez avançar significativamente a ciência animal de várias formas, incluindo a melhoria da saúde animal, o aumento da produtividade e a contribuição para a investigação médica. Eis alguns dos principais domínios em que a engenharia genética se revelou útil:

Resistência a doenças:

- Pecuária: A engenharia genética pode criar animais resistentes a doenças, reduzindo a necessidade de antibióticos e melhorando o bem-estar dos animais. Por exemplo, o BoLA (Bovine Lymphocyte Antigen): Este gene faz parte do complexo principal de histocompatibilidade (MHC) e desempenha um papel crucial na resposta imunitária e na seleção de animais resistentes a doenças.

- Aquacultura: Estão a ser desenvolvidos peixes resistentes a doenças, como o salmão resistente ao piolho do mar, para melhorar a sustentabilidade e reduzir as perdas na piscicultura.
- Resistência a doenças: Engenharia de animais para resistir a doenças, como o gado resistente à tuberculose bovina.
- Produtividade: Melhoria das taxas de crescimento, da produção de leite e da qualidade da carne. Por exemplo, vacas que produzem mais leite ou porcos com carne mais magra.
- Impacto ambiental: Redução das emissões de metano nos bovinos ou melhoria da eficiência alimentar para diminuir o consumo de recursos.

Loci de traços quantitativos (QTLs): Foram identificados vários QTLs associados à resistência à mastite. Estes QTLs são regiões do genoma que se correlacionam com a caraterística de interesse, neste caso, a resistência à mastite.

Genes candidatos: Foram estudados genes específicos pelo seu papel na resposta imunitária e na resistência às infecções. Alguns dos principais genes candidatos incluem:

- BoLA (Antigénio de Linfócitos Bovinos): Este gene faz parte do complexo principal de histocompatibilidade (MHC) e desempenha um papel crucial na resposta imunitária.
- TLRs (Toll-like Receptors): Estão envolvidos no reconhecimento

de agentes patogénicos e na ativação da imunidade inata.

- Lactoferrina: Esta proteína tem propriedades antimicrobianas e faz parte da defesa natural da vaca contra as infecções.

Seleção Genómica: Isto envolve a utilização de marcadores de ADN em todo o genoma para prever os valores de reprodução dos animais para a resistência à mastite. A seleção genómica melhorou a precisão da seleção de animais que são menos susceptíveis à mastite.

Hereditariedade: A resistência à mastite tem uma hereditariedade moderada, o que significa que a seleção genética pode reduzir eficazmente a incidência da doença ao longo das gerações. As estimativas de hereditariedade para a mastite variam entre 0,1 e 0,3, indicando que uma proporção significativa da variação na suscetibilidade à mastite se deve a diferenças genéticas.

Correlações Genéticas: Existem correlações entre a resistência à mastite e outras caraterísticas, como a produção de leite, a conformação do úbere e a contagem de células somáticas (CCS). A CCS elevada é frequentemente utilizada como um indicador de mastite e a seleção para uma CCS mais baixa pode indiretamente melhorar a resistência à mastite.

Aplicações práticas

Programas de reprodução: A incorporação de informação genética nos programas de criação pode ajudar a selecionar vacas mais resistentes à mastite. Isto envolve a utilização de ferramentas de seleção genómica e a consideração de caraterísticas correlacionadas com a resistência à mastite.

Seleção assistida por marcadores (MAS):

Este tipo de seleção pode ajudar a combater a consanguinidade, encorajando estratégias de criação que mantenham a diversidade entre os principais loci genéticos. Isto pode ser feito através da utilização de genes de antepassados selvagens e de raças raras para melhorar caraterísticas como a resistência a doenças e parasitas e a adaptabilidade. Esta técnica utiliza marcadores genéticos associados à resistência à mastite para ajudar na seleção de animais para reprodução. A MAS pode acelerar o progresso genético ao visar diretamente os alelos favoráveis.

Capítulo 2: Terminologia comum utilizada em genética molecular e reprodução animal

Genética molecular:

A genética molecular é o domínio da biologia que estuda a estrutura e a função dos genes a nível molecular. Envolve a compreensão da forma como a informação genética é codificada, replicada, expressa e transmitida de uma geração para a seguinte. Este domínio revolucionou a criação de animais ao fornecer ferramentas para identificar e manipular genes associados a caraterísticas desejáveis.

Termos básicos utilizados em Genética Molecular:

1. **Estrutura e função do ADN**: O ADN é a molécula que transporta a informação genética. A sua estrutura, composta por nucleótidos (adenina, timina, citosina e guanina), forma uma dupla hélice. Os genes, que são segmentos de DNA, codificam proteínas que desempenham várias funções no corpo.
2. **Expressão génica:** O processo pelo qual a informação de um gene é usada para sintetizar proteínas. Isto envolve a transcrição (copiar o ADN para ARN) e a tradução (utilizar o ARN para produzir proteínas).
3. **Variação genética**: Diferenças nas sequências de ADN entre indivíduos. As variações podem ser polimorfismos de nucleótido único (SNPs), inserções, deleções ou alterações estruturais maiores. Estas variações contribuem para a diversidade fenotípica.
4. **Mapeamento genético e Quantitative Trait Loci (QTL):** Identificação da localização de genes associados a caraterísticas específicas. O mapeamento de QTL ajuda a identificar as regiões do genoma que influenciam as caraterísticas quantitativas, como a produção de leite ou a taxa de crescimento.

Termos básicos utilizados na criação de animais:

A reprodução animal é a prática de seleção e acasalamento de animais para melhorar as caraterísticas desejáveis nas gerações futuras. A reprodução tradicional baseia-se em caraterísticas fenotípicas

seleção, enquanto o melhoramento moderno incorpora técnicas de genética molecular.

1. **Seleção**: Escolha de indivíduos com caraterísticas desejáveis para reprodução. A seleção pode ser natural (sobrevivência do mais apto) ou artificial (intervenção humana).
2. **Estratégias de reprodução:** Métodos utilizados para melhorar as populações animais, incluindo a consanguinidade (acasalamento de indivíduos com parentesco próximo), a exogamia (acasalamento de indivíduos sem parentesco) e o cruzamento (acasalamento de indivíduos de raças diferentes).
3. **Hereditariedade:** A proporção da variação fenotípica que é atribuível a factores genéticos. Uma elevada hereditariedade significa que uma caraterística é largamente controlada pela genética, tornando-a mais sensível à seleção.
4. **Melhoramento genético**: O objetivo dos programas de melhoramento genético é melhorar caraterísticas como a taxa de crescimento, a resistência a doenças, o desempenho reprodutivo e a qualidade do produto. Isto é conseguido através de uma seleção cuidadosa e de estratégias de acasalamento.
5. **Seleção Genómica**: Utilização de informação genética molecular para prever o valor reprodutivo dos animais. Isto envolve a genotipagem de indivíduos para identificar marcadores genéticos associados a caraterísticas desejadas e selecionar animais com perfis genéticos

favoráveis.

Integração da genética molecular e do melhoramento genético:

A integração da genética molecular no melhoramento animal conduziu a programas de melhoramento mais precisos e eficientes. Técnicas como a seleção assistida por marcadores (MAS) e a seleção genómica permitem aos criadores tomar decisões informadas com base em informações genéticas, acelerando o melhoramento de caraterísticas desejáveis. Esta integração também facilita a gestão da diversidade genética e a conservação de raças raras ou ameaçadas de extinção.

Em resumo, a genética molecular fornece os instrumentos para compreender e manipular a base genética das caraterísticas, enquanto a reprodução animal aplica esses instrumentos para melhorar as populações animais. Em conjunto, contribuem para os avanços na produção, saúde e bem-estar dos animais.

1. **Genótipo:** A composição genética de um organismo individual, normalmente referindo-se a genes ou alelos específicos.
2. **Fenótipo**: As caraterísticas físicas ou bioquímicas observáveis de um organismo, determinadas tanto pela composição genética como pelas influências ambientais.
3. **Alelo**: Uma de duas ou mais versões de um gene. Os indivíduos herdam dois alelos para cada gene, um de cada progenitor.
4. **Polimorfismo de nucleótido único (SNP):** Uma variação num único nucleótido que ocorre numa posição específica do genoma. Os SNP são o tipo mais comum de variação genética entre os animais.
5. **Loci de traço quantitativo (QTL):** Regiões do genoma que estão associadas a uma caraterística quantitativa específica, como a produção de leite ou a taxa de crescimento.

6. **Seleção Assistida por Marcadores (MAS):** Um processo em que um marcador (como um SNP) associado a uma caraterística desejável é utilizado para selecionar animais para reprodução.

7. **Seleção Genómica:** Uma forma de seleção em que a informação genómica (como os genótipos SNP no genoma) é utilizada para estimar o valor reprodutivo dos animais.

8. **Valor reprodutivo:** O valor de um indivíduo como progenitor, com base na contribuição genética estimada para o desempenho da descendência numa determinada caraterística.

9. **Hereditariedade:** A proporção da variação total numa caraterística que se deve a diferenças genéticas entre indivíduos. É uma medida de quão bem as diferenças nos genes das pessoas são responsáveis pelas diferenças nas suas caraterísticas.

10. **Consanguinidade:** Acasalamento de indivíduos estreitamente relacionados, o que aumenta a probabilidade de a descendência herdar os mesmos alelos de ambos os progenitores.

11. **Outbreeding (Outcrossing):** Acasalamento de indivíduos não aparentados ou distantemente relacionados para aumentar a diversidade genética e reduzir o risco de herdar alelos deletérios.

12. **Cruzamento**: Acasalamento de animais de raças diferentes para combinar caraterísticas desejáveis de ambas as raças e, frequentemente, para tirar partido do vigor híbrido (heterose).

13. **Heterose (Vigor Híbrido):** O fenómeno em que os indivíduos cruzados apresentam uma função melhorada ou aumentada numa caraterística em comparação com os seus progenitores.

14. **Previsão genómica:** O processo de previsão do valor genético de um animal com base na sua informação genómica.

15. **Disequilíbrio de ligação (LD):** A associação não aleatória de alelos

em diferentes loci. O DL é utilizado na cartografia de QTL e na seleção genómica.

16. **Deriva genética:** Alterações aleatórias nas frequências de alelos numa população, que podem levar a alterações nas caraterísticas ao longo das gerações.

17. **Imprinting genómico:** Um fenómeno genético pelo qual certos genes são expressos de uma forma específica do progenitor de origem.

18. **Epistasia**: Interação entre genes em diferentes loci, em que a presença de certos alelos afecta a expressão de outros genes.

19. **Diferencial de seleção:** A diferença entre o fenótipo médio dos indivíduos selecionados e o fenótipo médio de toda a população.

20. **Tamanho efetivo da população (Ne):** Uma medida da diversidade genética numa população, tendo em conta o número de indivíduos reprodutores e a variação do seu sucesso reprodutivo.

A compreensão destes termos é crucial para a compreensão dos princípios e práticas da criação genómica em ciências animais.

Termos mais utilizados em biologia molecular:

1. **ADN (Ácido Desoxirribonucleico):** A molécula que transporta a informação genética nas células. É composta por dois filamentos que formam uma dupla hélice.

2. **ARN (Ácido Ribonucleico):** Uma molécula semelhante ao ADN que desempenha um papel crucial na codificação, descodificação, regulação e expressão dos genes. Os tipos incluem RNA mensageiro (mRNA), RNA de transferência (tRNA) e RNA ribossómico (rRNA).

3. **Gene:** Um segmento de ADN que contém as instruções para produzir

uma proteína específica ou um conjunto de proteínas.

4. **Cromossoma:** Uma longa molécula de ADN que contém parte ou a totalidade do material genético de um organismo. Os seres humanos têm 23 pares de cromossomas.

5. **Nucleótido**: O bloco de construção básico do ADN e do ARN, constituído por um açúcar, um grupo fosfato e uma base azotada (adenina, timina, citosina, guanina no ADN; adenina, uracilo, citosina, guanina no ARN).

6. **Par de bases (bp):** Um par de nucleótidos complementares numa molécula de ADN, constituído por adenina-timina (A-T) e citosina-guanina (C-G).

7. **Replicação:** O processo pelo qual o ADN faz uma cópia de si próprio durante a divisão celular.

8. **Transcrição:** O processo de cópia de um segmento de ADN para ARN.

9. **Tradução**: O processo pelo qual a sequência de uma molécula de ARN mensageiro (ARNm) é utilizada para produzir uma proteína correspondente.

10. **Códon:** Um conjunto de três nucleótidos no ARNm que codifica um aminoácido específico ou um sinal de paragem durante a síntese de proteínas.

11. **Proteína:** Uma molécula composta por aminoácidos que desempenha uma vasta gama de funções no corpo, incluindo a catalisação de reacções metabólicas, ADN

replicação, resposta a estímulos e transporte de moléculas.

12. **Enzima:** Uma proteína que actua como catalisador para acelerar uma reação bioquímica específica.

13. **Mutação:** Uma alteração na sequência de ADN, que pode afetar a estrutura e a função das proteínas e conduzir a variações ou doenças.

14. **Reação em cadeia da polimerase (PCR):** Uma técnica utilizada para amplificar pequenos segmentos de ADN para criar milhões de cópias, permitindo um estudo pormenorizado.

15. **ADN recombinante**: Moléculas de ADN formadas por métodos laboratoriais de recombinação genética, como a clonagem molecular, para reunir material genético de várias fontes.

16. **Plasmídeo:** Um pequeno pedaço circular de ADN encontrado em bactérias que é separado do ADN cromossómico e pode replicar-se independentemente. É frequentemente utilizado na engenharia genética.

17. **Expressão génica:** O processo pelo qual a informação de um gene é utilizada para sintetizar um produto genético funcional, normalmente uma proteína.

18. Promotor: Uma região do ADN que inicia a transcrição de um determinado gene. Os promotores estão localizados perto dos sítios de início da transcrição dos genes.

19. Operão: Uma unidade de ADN que contém um conjunto de genes sob o controlo de um único promotor, encontrado principalmente em procariotas.

20. Epigenética: O estudo das alterações na função dos genes que não envolvem alterações na sequência do ADN, mas que podem ser transmitidas às células filhas. Isto inclui modificações como a metilação do ADN e a modificação das histonas.

21. Animal transgénico: Um animal ao qual foi inserido deliberadamente um gene estranho no seu genoma através de técnicas biotecnológicas.

22. Edição de genes: Técnicas como a CRISPR-Cas9 que permitem alterações precisas no ADN de um organismo, incluindo a inserção, a eliminação ou a modificação de genes.

23. Clonagem: Criação de uma cópia geneticamente idêntica de um organismo. Em animais, isto refere-se frequentemente à transferência nuclear de células somáticas (SCNT).

4. Transferência nuclear de células somáticas (SCNT): Uma técnica de clonagem em que o núcleo de uma célula somática é transferido para um óvulo enucleado, que depois se desenvolve num embrião.

5. Biopharming: A utilização de animais geneticamente modificados para produzir produtos farmacêuticos no seu leite, sangue, ovos ou outros tecidos.

6. **Tecnologia de ADN recombinante:** Técnicas utilizadas para juntar moléculas de ADN de diferentes fontes e inseri-las num organismo hospedeiro para produzir novas combinações genéticas.

7. **OGM (Organismo Geneticamente Modificado):** Um organismo cujo material genético foi alterado através de técnicas de engenharia genética.

8. **Bioreactor**: Um animal ou parte de um animal (como células ou órgãos) utilizado para produzir produtos biológicos, como proteínas ou anticorpos.

9. **Células estaminais**: Células indiferenciadas com o potencial de se desenvolverem em diferentes tipos de células. São utilizadas na medicina regenerativa e na investigação.
10. **Animal Knockout**: Um animal em que um ou mais genes foram intencionalmente eliminados ou "nocauteados" para estudar os efeitos da perda desse gene.
11. **Animal Knock-in:** Um animal em que um gene foi inserido num locus específico do genoma, normalmente para estudar os efeitos desse gene.
12. **CRISPR-Cas9**: Uma poderosa ferramenta de edição de genes que pode cortar com precisão o ADN em locais específicos, permitindo modificações direcionadas.
13. **Terapia genética:** Uma técnica que utiliza genes para tratar ou prevenir doenças, potencialmente corrigindo genes defeituosos responsáveis pelo desenvolvimento de doenças.

14. **Biomarcador:** Uma molécula biológica encontrada no sangue,

noutros fluidos corporais ou nos tecidos que é um sinal de um processo normal ou anormal, ou de uma condição ou doença.

15. **Seleção Genómica**: Utilização de informação genómica para prever o valor reprodutivo dos animais, melhorando os programas de reprodução selectiva.

16. **Xenotransplantação**: O transplante de células, tecidos ou órgãos vivos de uma espécie para outra, como de porcos para humanos.

17. **Animal quimérico:** Um animal que contém células de dois zigotos diferentes, que podem ser da mesma espécie ou de espécies diferentes.

18. **Transferência de embriões:** Um procedimento biotecnológico em que os embriões são colocados no útero de uma mulher com a intenção de estabelecer uma gravidez.

1 9. **Fertilização in vitro (FIV):** Um processo pelo qual os óvulos são fertilizados por espermatozóides fora do corpo e os embriões resultantes são depois implantados no útero.

20. **Biolística (Gene Gun):** Um método de transferência de genes em que as partículas revestidas de ADN são fisicamente injectadas nas células ou tecidos.

21. **Microinjecção:** Técnica de introdução de material genético numa célula através de uma agulha fina, frequentemente utilizada na criação de animais transgénicos.

22. **Modelo animal:** Animais não humanos utilizados na investigação para estudar processos biológicos e de doença, frequentemente para compreender a biologia humana e desenvolver tratamentos.

Termos básicos normalmente utilizados na reprodução animal e na genética das populações: Criação de animais:

1. **Seleção Artificial:** O processo pelo qual os seres humanos reproduzem seletivamente indivíduos com caraterísticas desejáveis para produzir descendentes com essas caraterísticas.
2. **Valor de reprodução (BV):** Uma estimativa do potencial genético de um indivíduo para uma caraterística específica, indicando a quantidade da caraterística que pode ser transmitida à descendência.
3. **Diferencial de seleção:** A diferença entre o fenótipo médio dos progenitores selecionados e o fenótipo médio da população em geral.
4. **Ganho genético:** A melhoria do valor genético médio de uma população ao longo do tempo devido à seleção.
5. **Consanguinidade:** Acasalamento de indivíduos estreitamente relacionados, o que aumenta a homozigotia e o risco de expressão de traços recessivos deletérios.
6. **Outbreeding (Outcrossing):** Acasalamento de indivíduos não aparentados ou distantemente relacionados para aumentar a diversidade genética e reduzir o risco de consanguinidade

depressão.

7. **Cruzamento**: Acasalamento de animais de raças diferentes para combinar caraterísticas desejáveis e beneficiar frequentemente do vigor híbrido.
8. **Vigor híbrido (Heterose):** Aumento do desempenho ou da aptidão

da descendência híbrida em comparação com os seus progenitores.

9. **Herdabilidade (h^2):** A proporção da variação fenotípica numa população que é atribuível à variação genética entre indivíduos.

10. **Teste de Progénie:** Avaliação do valor genético de um indivíduo com base no desempenho da sua descendência.

11. **Valor reprodutivo estimado (EBV):** Uma previsão do mérito genético de um animal para uma caraterística específica, com base em dados de pedigree e de desempenho.

12. **Seleção genómica:** A utilização de marcadores de ADN em todo o genoma para prever o valor genético de um animal, aumentando a precisão da seleção.

Termos básicos utilizados em Genética das Populações:

1. **Frequência alélica:** A frequência relativa de um alelo num determinado locus numa população, expressa como uma proporção ou percentagem.

2. **Frequência genotípica:** A proporção de indivíduos de uma população que possuem um determinado genótipo.

3. **Equilíbrio de Hardy-Weinberg:** Um princípio que afirma que as frequências de alelos e genótipos numa população permanecem constantes de geração em geração na ausência de influências evolutivas.

4. **Deriva genética:** Mudanças aleatórias nas frequências de alelos numa população, particularmente em populações pequenas, levando a mudanças na variação genética ao longo do tempo.

5. **Fluxo genético:** A transferência de material genético entre populações, frequentemente através da migração, que pode alterar as frequências alélicas.

6. **Mutação**: Uma alteração na sequência de ADN que pode introduzir uma nova variação genética numa população.

7. Pressão de seleção: Factores externos que influenciam os indivíduos que sobrevivem e se reproduzem, afectando as frequências alélicas ao longo do tempo.

8. **Tamanho efetivo da população (Ne)**: O número de indivíduos de uma população que contribuem com descendentes para a geração seguinte, influenciando a diversidade genética.

9. **Aptidão:** A capacidade de um indivíduo sobreviver e reproduzir-se, contribuindo com os seus genes para a geração seguinte.

10. **Adaptação**: Uma mudança genética que aumenta a aptidão de um organismo num ambiente específico.

11. **Disequilíbrio de ligação (LD):** A associação não aleatória de alelos em diferentes loci, muitas vezes devido à proximidade física num cromossoma.

12. **Variação genética**: Diferenças nas sequências de ADN entre indivíduos de uma população, que fornecem a matéria-prima para a evolução.

13. **Fixação:** O ponto em que um determinado alelo se torna o único alelo no seu locus numa população, tendo uma frequência de 100%.

14. **Efeito de estrangulamento**: Uma redução acentuada no tamanho de uma população devido a eventos ambientais, levando a uma perda de diversidade genética.

15. **Efeito fundador:** Diferenças genéticas numa nova população estabelecida por um pequeno número de indivíduos, levando a uma variação genética reduzida em comparação com a população original.

16. **Coeficiente de seleção (s):** Medida da aptidão relativa de um genótipo, indicando a força da seleção natural que actua sobre ele.

17. **Carga genética:** A presença de alelos deletérios numa população, reduzindo a sua aptidão média.

A compreensão destes termos é fundamental para aprofundar a biologia molecular e as suas aplicações em vários domínios, incluindo a genética, a medicina e a biotecnologia. Compreender estes termos é essencial para navegar no campo da biotecnologia animal e apreciar as tecnologias e metodologias utilizadas para fazer avançar a investigação, a medicina e a agricultura. Compreender estes termos é essencial para compreender os princípios e práticas da reprodução animal e da genética populacional, ajudando a melhorar as populações animais e a gerir eficazmente a diversidade genética.

Engenharia genética na agricultura e na ciência animal

A genética, um ramo da biologia, estuda os genes, a variação genética e a hereditariedade nos organismos. A engenharia genética, uma área especializada dentro da genética, envolve a manipulação direta do genoma de um organismo utilizando a biotecnologia para alterar as suas caraterísticas. Esta poderosa tecnologia tem um potencial transformador em vários domínios, incluindo a agricultura, a medicina, as ciências ambientais e a biotecnologia industrial. Também conhecida como modificação genética, a engenharia genética utiliza a biotecnologia para alterar diretamente o genoma de um organismo. Na agricultura, pode melhorar as culturas, os animais e os microrganismos para aumentar a produtividade. A engenharia genética, uma biotecnologia moderna, modifica o material genético de organismos vivos para introduzir novos traços ou caraterísticas. Na agricultura, melhora o desempenho das culturas, a segurança alimentar, a qualidade e a acessibilidade dos preços. Na ciência animal, melhora a qualidade dos alimentos produzidos pelo gado.

A engenharia genética fez avançar significativamente a ciência animal de várias formas, incluindo a melhoria da saúde animal, o aumento da produtividade e a contribuição para a investigação

médica. Eis alguns dos principais domínios em que a engenharia genética se revelou útil:

Resistência a doenças:

- Pecuária: A engenharia genética pode criar animais resistentes a doenças, reduzindo a necessidade de antibióticos e melhorando o bem-estar dos animais. Por exemplo, o BoLA (Bovine Lymphocyte Antigen): Este gene faz parte do complexo principal de histocompatibilidade (MHC) e desempenha um papel crucial na resposta imunitária e na seleção de animais resistentes a doenças.
- Aquacultura: Estão a ser desenvolvidos peixes resistentes a doenças, como o salmão resistente ao piolho do mar, para melhorar a sustentabilidade e reduzir as perdas na piscicultura.
- Resistência a doenças: Engenharia de animais para resistir a doenças, como o gado resistente à tuberculose bovina.
- Produtividade: Melhoria das taxas de crescimento, da produção de leite e da qualidade da carne. Por exemplo, vacas que produzem mais leite ou porcos com carne mais magra.
- Impacto ambiental: Redução das emissões de metano nos bovinos ou melhoria da eficiência alimentar para diminuir o consumo de recursos.

Loci de traços quantitativos (QTLs): Foram identificados vários QTLs associados à resistência à mastite. Estes QTLs são regiões do genoma que se correlacionam com a caraterística de interesse, neste caso, a resistência à mastite.

Genes candidatos: Foram estudados genes específicos pelo seu papel na resposta imunitária e na resistência às infecções. Alguns dos principais genes candidatos incluem:

- BoLA (Antigénio de Linfócitos Bovinos): Este gene faz parte do complexo principal de histocompatibilidade (MHC) e desempenha um papel crucial na resposta imunitária.

- TLRs (Toll-like Receptors): Estão envolvidos no reconhecimento de agentes patogénicos e na ativação da imunidade inata.
- Lactoferrina: Esta proteína tem propriedades antimicrobianas e faz parte da defesa natural da vaca contra as infecções.

Seleção Genómica: Isto envolve a utilização de marcadores de ADN em todo o genoma para prever os valores de reprodução dos animais para a resistência à mastite. A seleção genómica melhorou a precisão da seleção de animais que são menos susceptíveis à mastite.

Hereditariedade: A resistência à mastite tem uma hereditariedade moderada, o que significa que a seleção genética pode reduzir eficazmente a incidência da doença ao longo das gerações. As estimativas de hereditariedade para a mastite variam entre 0,1 e 0,3, indicando que uma proporção significativa da variação na suscetibilidade à mastite se deve a diferenças genéticas.

Correlações Genéticas: Existem correlações entre a resistência à mastite e outras caraterísticas, como a produção de leite, a conformação do úbere e a contagem de células somáticas (CCS). A CCS elevada é frequentemente utilizada como um indicador de mastite e a seleção para uma CCS mais baixa pode indiretamente melhorar a resistência à mastite.

Aplicações práticas

Programas de reprodução: A incorporação de informação genética nos programas de criação pode ajudar a selecionar vacas mais resistentes à mastite. Isto envolve a utilização de ferramentas de seleção genómica e a consideração de caraterísticas correlacionadas com a resistência à mastite.

Seleção assistida por marcadores (MAS):

Este tipo de seleção pode ajudar a combater a consanguinidade, encorajando estratégias de criação que mantenham a diversidade entre os principais loci genéticos. Isto pode ser feito através da utilização de genes de antepassados selvagens e de raças raras para melhorar caraterísticas como a resistência a doenças e parasitas e a adaptabilidade. Esta técnica utiliza marcadores genéticos associados à resistência à mastite para ajudar na seleção de animais para reprodução. A MAS pode acelerar o progresso genético ao visar diretamente os alelos favoráveis.

Capítulo 3: Seleção assistida por marcadores (MAS) na pecuária

Introdução

A seleção assistida por marcadores (MAS) é um processo utilizado na genética e reprodução animal para selecionar com maior precisão animais com caraterísticas desejáveis. Esta técnica utiliza marcadores moleculares que estão ligados a genes específicos ou a regiões genéticas associadas a caraterísticas desejadas. Os marcadores moleculares são sequências de ADN que podem ser utilizadas para identificar uma determinada localização no genoma e são ferramentas essenciais na investigação genética e nos programas de reprodução. Eis alguns tipos comuns de marcadores moleculares:

1. Polimorfismos de Comprimento de Fragmentos de Restrição (RFLPs)

- Definição: Variações no comprimento dos fragmentos de ADN produzidos pela digestão do ADN genómico com enzimas de restrição específicas.
- Aplicações: Utilizado para o mapeamento de genomas, estudos de diversidade genética e identificação de genes específicos associados a caraterísticas.

2. ADN polimórfico amplificado aleatório (RAPD)

- Definição: Fragmentos de ADN amplificados por PCR utilizando iniciadores curtos e aleatórios.
- Aplicações: Útil para mapeamento genético, genética populacional e identificação de variações genéticas sem conhecimento prévio do genoma.

3. Polimorfismos de Comprimento de Fragmento Amplificado (AFLPs)

- Definição: Fragmentos de ADN produzidos por digestão do ADN genómico com enzimas de restrição e posterior amplificação de subconjuntos desses fragmentos utilizando iniciadores específicos.

- Aplicações: Utilizado para impressão digital genética, estudos de diversidade e mapeamento de QTL.

4. Repetições de sequência simples (SSRs) ou microssatélites

- Definição: Sequências de ADN curtas e repetidas em tandem (1-6 pares de bases) que se encontram em todo o genoma.

- Aplicações: Marcadores altamente polimórficos utilizados para mapeamento genético, genética populacional e análise de parentesco.

5. Polimorfismos de nucleótido único (SNP)

- Definição: Variações de um único par de bases em loci específicos do genoma.

- Aplicações: Amplamente utilizado para estudos de associação de todo o genoma (GWAS), mapeamento genético e estudo da variação genética e das relações evolutivas.

6. Sítios marcados com sequências (STS)

- Definição: Sequências curtas de ADN que são únicas no genoma e podem ser facilmente amplificadas por PCR.

- Aplicações: Utilizado para mapeamento físico e localização de genes no genoma.

7. Etiquetas de sequências expressas (ESTs)

- Definição: Sub-sequências curtas de ADN transcrito (cDNA).

- Aplicações: Utilizado para a descoberta de genes, estudos de expressão genética e desenvolvimento de marcadores ligados a caraterísticas de interesse.

8. Tecnologia de matrizes de diversidade (DArT)

- Definição: Um tipo de tecnologia de microarray que detecta polimorfismos em múltiplos loci sem a necessidade de informação de sequência.

- Aplicações: Utilizado para genotipagem de alto rendimento, estudos de diversidade genética e desenvolvimento de mapas de ligação.

9. Sequências polimórficas amplificadas clivadas (CAPS)

- Definição: Marcadores baseados em PCR que utilizam a digestão com enzimas de restrição dos produtos amplificados para detetar polimorfismos.
- Aplicações: Utilizado para mapeamento genético e seleção assistida por marcadores.

10. Repetições de sequência inter-simples (ISSRs)

- Definição: Marcadores baseados em PCR que amplificam regiões entre microssatélites utilizando iniciadores ancorados nas repetições de sequência simples.
- Aplicações: Utilizado para estudos de diversidade genética, mapeamento de genomas e biologia evolutiva.

Cada tipo de marcador molecular tem as suas vantagens e aplicações específicas na investigação genética e nos programas de melhoramento. A escolha do marcador depende do objetivo do estudo, do organismo a estudar e dos recursos disponíveis. A combinação de diferentes tipos de marcadores pode fornecer uma visão abrangente da variação genética e ajudar a atingir os objectivos de melhoramento de forma mais eficiente

Seleção Assistida por Marcadores (MAS): A seleção assistida por marcadores é uma ferramenta poderosa na genética e reprodução animal, proporcionando um método mais eficiente e preciso para desenvolver animais com as caraterísticas desejadas. Trata-se de uma técnica moderna de reprodução que utiliza marcadores moleculares para selecionar animais com caraterísticas genéticas desejáveis. Esta abordagem aumenta a eficiência e a precisão dos métodos tradicionais de reprodução, que se baseiam em caraterísticas observáveis e em informações de pedigree **Etapas da seleção**

assistida por marcadores

Identificação de marcadores:

Marcadores moleculares: Sequências de ADN que estão associadas a caraterísticas específicas. Os marcadores moleculares, tais como polimorfismos de nucleótidos simples (SNP), microssatélites, polimorfismos de comprimento de fragmentos de restrição (RFLP) ou outras sequências de ADN são identificados e associados a caraterísticas desejáveis (por exemplo, resistência a doenças, taxa de crescimento, produção de leite). Descobrir e validar marcadores ligados a caraterísticas importantes. Utilizar estudos de associação de todo o genoma (GWAS) e mapeamento de loci de caraterísticas quantitativas (QTL).

Genotipagem de animais:

- Os animais são submetidos a genotipagem para determinar os marcadores de que são portadores. Isto implica a extração de ADN do animal e a utilização de técnicas laboratoriais para identificar a presença de marcadores específicos. Recolher amostras de ADN (sangue, pelo, tecido). Utilizar técnicas de genotipagem para identificar marcadores em cada animal.
- Processo: Identificação da presença de marcadores específicos no ADN dos animais.
- Técnicas: PCR (Reação em cadeia da polimerase), sequenciação, chips SNP.

Processo de seleção:

- Seleção tradicional: Baseada em caraterísticas fenotípicas e pedigree.
- MAS: Utiliza marcadores genéticos para identificar animais com caraterísticas desejáveis, mesmo antes de essas caraterísticas se manifestarem.
- Com base na presença destes marcadores, os animais com a composição

genética desejável são selecionados para reprodução. Esta seleção pode ser feita numa fase muito precoce, por vezes mesmo ao nível do embrião.

- Escolher animais com marcadores favoráveis.
- Integrar dados de marcadores com métodos de seleção tradicionais

Programas de reprodução:

- Conceber estratégias de criação para propagar caraterísticas desejáveis.
- Monitorizar o progresso genético e ajustar os planos de criação em conformidade

Aplicações na pecuária

Pecuária: A MAS é amplamente utilizada em bovinos, ovinos, suínos e aves de capoeira para melhorar caraterísticas como a qualidade da carne, a produção de leite, a resistência a doenças e a eficiência reprodutiva.

Animais de companhia: Também é utilizada em cães, gatos e cavalos para selecionar caraterísticas como a cor da pelagem, o comportamento e a saúde.

Aquacultura: Na criação de peixes e moluscos, a MAS ajuda a melhorar as taxas de crescimento, a resistência a doenças e a tolerância ambiental.

Gado:

- Caraterísticas: Produção de leite, qualidade da carne, resistência a doenças.
- Exemplo: Seleção de genes relacionados com a resistência à mastite ou com a eficiência alimentar.

Ovelhas:

- Caraterísticas: Qualidade da lã, taxa de crescimento, desempenho reprodutivo.
- Exemplo: Marcadores associados à resistência a parasitas como os

nemátodos gastrointestinais.

Porcos:

- Caraterísticas: Taxa de crescimento, qualidade da carcaça, caraterísticas reprodutivas.

- Exemplo: Seleção de genes relacionados com a percentagem de carne magra e o tamanho da ninhada.

Aves de capoeira:

- Caraterísticas: Produção de ovos, taxa de crescimento, resistência a doenças.

- Exemplo: Marcadores ligados à resistência à gripe aviária ou a caraterísticas de qualidade dos ovos.

Vantagens da seleção assistida por marcadores (MAS):

1. Maior precisão: A MAS permite uma seleção mais precisa dos animais com as caraterísticas desejadas, em comparação com os métodos de seleção tradicionais, que se baseiam nas caraterísticas físicas e nas informações do pedigree. Seleção mais precisa de animais com caraterísticas genéticas desejáveis. Reduz a dependência do fenótipo, que pode ser influenciado por factores ambientais.
2. Seleção precoce: Os animais podem ser selecionados numa idade jovem, ou mesmo antes do nascimento, o que acelera o processo de reprodução.
3. Eficiência: Pode reduzir significativamente o tempo e os custos envolvidos nos programas de reprodução, identificando rapidamente os animais com o melhor potencial genético.
4. Caraterísticas melhoradas: Aumenta a capacidade de melhorar caraterísticas complexas que são controladas por múltiplos genes, que são frequentemente difíceis de selecionar utilizando métodos tradicionais.
5. Preservação da diversidade genética: Ao utilizar marcadores, os criadores podem também garantir que a diversidade genética é mantida na

população reprodutora, o que é importante para a sustentabilidade a longo prazo dos programas de criação.

Desafios e considerações

Custo:

- A configuração inicial e a genotipagem podem ser dispendiosas.
- Requer investimento em tecnologia e formação.

Validação de marcadores:

- Os marcadores devem ser cuidadosamente validados para garantir que estão associados de forma fiável às caraterísticas desejadas.

Integração:

- A integração efectiva da MAS com as práticas tradicionais de reprodução é crucial.
- Requer a colaboração entre geneticistas, criadores e outras partes interessadas.

Questões éticas e sociais:

- Considerações sobre a manipulação genética e o seu impacto no bem-estar dos animais e na biodiversidade.

Perspectivas futuras

Avanços na Genómica:

- As melhorias contínuas nas tecnologias de sequenciação e na bioinformática reforçarão a MAS.
- Mais marcadores e uma melhor compreensão da arquitetura genética melhorarão a precisão da seleção

Reprodução de precisão:

- Combinar a MAS com outras tecnologias, como a edição de genes (CRISPR), para obter melhorias mais direcionadas.
- Potencial para programas de melhoramento personalizado adaptados a ambientes de produção específicos.

Sustentabilidade:

- A EAM pode contribuir para uma produção animal mais sustentável, melhorando a eficiência e reduzindo a pegada ambiental.

Conclusão

A Seleção Assistida por Marcadores representa um avanço significativo na criação de gado, oferecendo o potencial para um melhoramento genético mais preciso, eficiente e sustentável. Ao utilizar marcadores moleculares, os criadores podem tomar decisões mais informadas, acelerando o desenvolvimento de gado superior com caraterísticas desejáveis.

Capítulo 4 : Número de cromossomas em diferentes espécies

Haploide: As células haplóides (N) têm apenas uma cópia de cada cromossoma. Nos animais, os gâmetas (espermatozóides e óvulos) são haplóides

Diploide: As células diplóides (2N onde N- número de cromossomas) têm duas cópias homólogas de cada cromossoma. As células do corpo dos animais são diplóides.

Cromossomas **Homólogos**: Os organismos diplóides têm duas cópias de cada cromossoma (exceto os cromossomas sexuais). Ambas as cópias são normalmente idênticas em termos de morfologia, conteúdo e ordem dos genes e, por isso, são conhecidas como cromossomas homólogos. Cada par de cromossomas é constituído por dois homólogos. Os cromossomas homólogos são herdados de pais separados; um homólogo provém da mãe e o outro do pai.

Número de cromossomas: O número de cromossomas numa dada espécie é geralmente constante. Os cromossomas vêm em pares. Organismos diferentes têm números diferentes de cromossomas. Normalmente, todos os indivíduos de uma espécie têm o mesmo número de cromossomas.

Número de cromossomas diplóides em animais de criação

Sl. No.	Common Name	Genus and Species	Diploid Chromosome Number
1	Cat	*Feliscatus*	38
2	Cattle	*Bos taurus, Bos indicus*	60
3	Dog	*Canisfamiliaris*	78
4	Donkey	*Equus asinus*	62
5	Goat	*Capra hircus*	60
6	Horse	*Equus caballus*	64
8	Pig	*Sus scrofa*	38
9	Rabbit	*Oryctolagus cuniculus*	44
10	River buffalo	*Bubalusbubalis* (riverine type)	50
11	Swamp buffalo	*Bubalusbubalis* (swamp type)	48
12	Sheep	*Ovisaries*	54
14	Mule	(Hinny, hybrids of horse and ass)	63
15	Monkey		42
17	Human	Homo sapiens	46

Número de cromossomas diplóides em animais selvagens e de laboratório

Sl. No.	Common Name	Genus and Species	Diploid Chromosome Number
1	Alligator	*Alligator mississipiensis*	32
2	Bison	*Bison bison*	60
3	Camel	*Camilusbactrianus* (Bactrian-two humped) and *Camilus dromedaries* (Dromedari-single humped)	74
4	Chimpanzee	*Pan troglodytes*	48
5	Deer	*Cervus elaphus*	68
6	Elephant	*Elephas maximus* (Asian) and *Loxodonta Africana* (African)	56
7	Golden hamster	*Mesocricetus auratus*	44
8	Gorilla	*Gorilla gorilla*	48
9	Guinea pig	*Caviacobaya*	64
10	Hare	*Lepus nigricollis*	48
11	Lion	*Panthera leo*	38
12	Mouse	*Mus musculus*	40
14	Rat	*Rattus norvegicus*	42
15	Reindeer	*Rangifer tarandus*	70
16	Syrian hamster	*Mesocricetus auratus*	44
17	Tiger	*Panthera tigris*	38

Número de cromossomas diplóides em diferentes espécies de aves

Sl. No.	Common Name	Genus and Species	Diploid
1	Chicken	*Gallus domesticus*	78
2	Domestic duck	*Anas platyrhyncha*	80
3	Emu	*Dromaiusnovaehollandiae*	80
4	Goose	*Anseranser*	80
5	Guinea fowl	*Numida meleagris*	74
6	Japanese quail	*Coturnix japonica*	78
7	Muscovy duck	*Cairinamoschata*	80
8	Ostrich	*Struthio camelus*	80
9	Pigeon	*Columbia livia*	80
10	Ring-necked pheasant	*Phasianuscolchicus*	82
11	Turkey	*Meleagris gallopavo*	80

CARIÓTIPO E IDEOGRAMA

Karyotype	Description
46, XY	Normal male
47, XX, +21	Female with trisomy 21, Down Syndrome.
47, XY, +21 / 46, XY	Male mosaic for trisomy 21 and normal cells
46, XY, del(4)(p14)	Male with distal deletion of the short arm of chromosome 4 band designated 14.
46, XX, dup (5p)	Female with a duplication of short arm of chromosome 5.
45, XY, -13, -14, t(13q;14q)	Male with a balanced Robertsonian translocation of chromosome 13 and 14, with a normal 13 and normal 14 missing.
46, XX, t(11;22) (q23;q22)	Male with a balanced reciprocal translocation
46, XX, inv(3)(p21;q13)	Female with an inversion on chromosome 3 from p21 to q13; because it includes the centromere this is a pericentric inversion.
46, X.r(X)	A female with one normal X and one ring X chromosome.
46, X, i(Xq)	Female with one normal X chromosome and andisochromsome of the long arm of the X.

MORFOLOGIA CROMOSSÓMICA DE DIFERENTES ESPÉCIES PECUÁRIAS

S. No.	Species	Diploid No. (2n)	AC	MC	SMC	TC	X	Y
1	Cattle (*Bos indicus*)	60	29	-	-	-	MC	AC (Small)
2	Cattle (*Bos taurus*)	60	29	-	-	-	MC	AC
3	River Buffalo	50	19	-	5	-	AC	AC
4	Swamp Buffalo	48	18	1	4	-	AC	AC
5	Goat	60	29	-	-	-	AC (2nd to 3rd longest)	MC (small)
6	Sheep	54	23	3	-	-	AC (longest)	MC (Small)
7	Pig	38	6	5	5	2	MC	MC
8	Dog	78	38	-	-	-	SMC (largest)	MC (smallest)
9	Cat	38	2	16	-	-	MC	MC
10	Horse	64	18	-	13	-	SMC	AC
11	Donkey	62	7	-	23	-	SMC	MC

Nota: AC - Acrocêntrico, MC - Metacêntrico, SMC - Metacêntrico pequeno, TC -Telocêntrico, X - Cromossoma, Y - Cromossoma

Capítulo 5 : Perguntas de escolha múltipla de base sobre genética e reprodução animal -A

1. Qual é a unidade básica da hereditariedade? *
   - a) Cromossoma
   - b) Gene
   - c) Proteína
   - d) Nucleótido
2. *Que termo descreve um organismo com dois alelos idênticos para uma caraterística específica?
   - a) Heterozigótico
   - b) Homozigótico
   - c) Dominante
   - d) Recessivo
3. *Na genética mendeliana, que tipo de alelo mascara a expressão de outro alelo?
   - a) Recessivo
   - b) Codominante
   - c) Dominante
   - d) dominante incompleta
4. *Como se chama o processo de seleção de animais com caraterísticas desejáveis para se reproduzirem?
   - a) Deriva genética
   - b) Seleção Natural
   - c) Reprodução selectiva
   - d) Engenharia genética
5. *Qual é o método que aumenta a diversidade genética através do acasalamento de animais não aparentados?
   - a) Consanguinidade

- b) Outbreeding (Outcrossing)
- c) Procriação em linha
- d) Retrocruzamento

6. *Qual é o termo para as caraterísticas observáveis de um organismo?
- a) Genótipo
- b) Fenótipo
- c) Alelo
- d) Locus

7. *Que fenómeno faz com que os descendentes apresentem qualidades superiores às dos pais?
- a) Deriva genética
- b) Depressão endogâmica
- c) Vigor dos híbridos (Heterose)
- d) Gargalo genético

8. *Qual é o papel de um pedigree na criação de animais? *
- a) Para medir a hereditariedade
- b) Estimar o valor de reprodução
- c) Registar a ascendência e gerir a reprodução
- d) Para efetuar testes de progenitura

9. *Que condição genética envolve alterações na sequência de ADN?
- a) Hereditariedade
- b) Epistasia
- c) Mutação
- d) Traço poligénico

10. *Que técnica envolve a inserção direta de sémen no trato reprodutivo da mulher?

- a) Clonagem
- b) Hibridação
- c) Inseminação Artificial (IA)
- d) Seleção assistida por marcadores (MAS)

Respostas

1. *b) Gene*
2. *b) Homozigótico
3. *c) Dominante*
4. *c) Reprodução selectiva*.
5. *b) Extroversão (Outcrossing)*
6. *b) Fenótipo*
7. *c) Vigor híbrido (Heterose)*
8. *c) Registar a ascendência e gerir a reprodução
9. *c) Mutação*
10. *c) Inseminação artificial (IA)

Perguntas de escolha múltipla sobre genética básica e reprodução animal -B

1. *Qual é a unidade mais pequena de material genético? *

- a) Cromossoma
- b) Gene
- c) ADN
- d) Nucleótido

2. *Qual dos seguintes elementos é composto por ADN?

- a) Gene
- b) Proteína
- c) Lípido
- d) Hidratos de carbono

3. *Qual é a forma do ADN?
   - a) Hélice simples
   - b) Dupla hélice
   - c) Tripla hélice
   - d) Nenhuma das anteriores

4. *Um segmento de ADN que codifica uma proteína é designado por:*.
   - a) Cromossoma
   - b) Gene
   - c) Códão
   - d) Genoma

5. *Qual é a base que emparelha com a adenina no ADN?
   - a) Citosina
   - b) Timina
   - c) Guanina
   - d) Uracil

6. *Como se chama o processo de cópia do ADN para ARN?
   - a) Tradução
   - b) Transcrição
   - c) Replicação
   - d) Transformação

7. *Em que organelo celular ocorre a transcrição?

- a) Núcleo
- b) Ribossoma
- c) Mitocôndrias
- d) Citoplasma

8. *Qual é a principal função dos ribossomas?

- a) Replicação do ADN
- b) Transcrição
- c) Síntese proteica
- d) Splicing do ARN

9. *Que molécula transporta os aminoácidos para o ribossoma durante a tradução?

- a) ARNm
- b) tRNA
- c) rRNA
- d) ADN

10. *O que é uma mutação?

- a) Uma alteração na sequência de ADN
- b) Um tipo de proteína
- c) Uma molécula de lípido
- d) Nenhuma das anteriores

11. *Que tipo de mutação envolve uma única alteração de nucleótido?

- a) Supressão
- b) Inserção

- c) Mutação pontual
- d) Mutação Frameshift

12. *Que processo assegura a diversidade genética durante a reprodução sexual?
   - a) Clonagem
   - b) Mitose
   - c) Meiose
   - d) Cisão binária

13. *Qual é a lei que descreve a separação dos alelos durante a formação dos gâmetas?
   - a) Lei da Segregação
   - b) Lei do Sortido Independente
   - c) Lei da Dominância
   - d) Lei da Expressão Génica

14. *Quem é conhecido como o pai da genética?
   - a) Charles Darwin
   - b) James Watson
   - c) Gregor Mendel
   - d) Francis Crick

15. *Que termo descreve uma caraterística que é expressa quando dois alelos diferentes estão presentes?
   - a) Recessivo
   - b) Dominante
   - c) Codominante

- d) dominante incompleta

16. *Qual é o termo que se refere à aparência física de um organismo?

- a) Genótipo
- b) Fenótipo
- c) Alelo
- d) Locus

17. *Como se chama a composição genética de um organismo?

- a) Fenótipo
- b) Genótipo
- c) Alelo
- d) Traço

18. *Que termo se refere a um organismo com dois alelos diferentes para uma caraterística?

- a) Homozigótico
- b) Heterozigótico
- c) Dominante
- d) Recessivo

19. *O que é que um quadrado de Punnett prevê?

- a) Rácios de fenótipos
- b) Rácios genotípicos
- c) Tanto a como b
- d) Nem a nem b

20. *Que termo descreve o acasalamento de dois indivíduos estreitamente

relacionados?

- a) Extroversão
- b) Consanguinidade
- c) Cruzamento
- d) Procriação em linha

21. *Qual é o termo para reproduzir duas espécies diferentes? *
- a) Cruzamento
- b) Hibridação
- c) Consanguinidade
- d) Retrocruzamento

22. *O que é a inseminação artificial?
- a) Acasalamento natural
- b) A introdução de sémen no aparelho reprodutor feminino por meios não naturais
- c) Clonagem
- d) Engenharia genética

23. *Que técnica de reprodução envolve a seleção de progenitores com caraterísticas desejáveis?
- a) Seleção natural
- b) Deriva genética
- c) Reprodução selectiva
- d) Fluxo genético

24. *O que é um traço quantitativo?
- a) Uma caraterística controlada por um gene
- b) Uma caraterística controlada por múltiplos genes

- c) Uma caraterística não influenciada pela genética
- d) Uma caraterística não hereditária

25. *Qual é o processo que produz indivíduos geneticamente idênticos?
   - a) Reprodução sexual
   - b) Mutação
   - c) Clonagem
   - d) Cruzamento

26. *Qual é a principal vantagem do cruzamento de animais? *
   - a) Aumento da diversidade genética
   - b) Diminuição da diversidade genética
   - c) Aumento da consanguinidade
   - d) Nenhuma das anteriores

27. *Qual é o termo que se refere à composição genética de um animal?
   - a) Fenótipo
   - b) Genótipo
   - c) Híbrido
   - d) Espécies

28. *Qual é o objetivo de uma tabela genealógica na reprodução?
   - a) Rastreio de doenças genéticas
   - b) Para registar a ascendência
   - c) Gerir os programas de criação
   - d) Todas as anteriores

29. *Que técnica é utilizada para amplificar sequências de ADN?

- a) Eletroforese em gel
- b) Reação em cadeia da polimerase (PCR)
- c) Sequenciação do ADN
- d) Clonagem

30. *O que significa heterozigótico?
   - a) Ter alelos idênticos para uma caraterística
   - b) Ter alelos diferentes para uma caraterística
   - c) Ser homozigótico recessivo
   - d) Nenhuma das anteriores

31. *Que processo é utilizado para determinar a ordem dos nucleótidos no ADN?
   - a) PCR
   - b) Eletroforese em gel
   - c) Sequenciação do ADN
   - d) Hibridação

32. *O que é a epistasia?
   - a) Interação entre genes em que um gene afecta a expressão de outro
   - b) A expressão de dois alelos de forma igual
   - c) Uma mutação no ADN
   - d) A dominância de um alelo sobre outro

33. *O que é a hereditariedade?
   - a) A proporção da variação de uma caraterística que se deve a factores genéticos
   - b) A capacidade de herdar caraterísticas

- c) A influência do ambiente nas caraterísticas
- d) Nenhuma das anteriores

34. *Qual é o termo que descreve um segmento de ADN que codifica um produto funcional?
    - a) Alelo
    - b) Gene
    - c) Locus
    - d) Cromossoma

35. *Qual é o objetivo da seleção assistida por marcadores?
    - a) Identificar e selecionar indivíduos com caraterísticas desejáveis utilizando marcadores moleculares
    - b) Para amplificar o ADN
    - c) Sequenciar o ADN
    - d) Clonar animais
36. *Que processo pode levar a uma redução da variação genética numa população pequena?
    - a) Deriva genética
    - b) Fluxo genético
    - c) Seleção natural
    - d) Mutações

37. *Qual é a técnica que envolve a manipulação direta do genoma de um organismo?
    - a) Reprodução selectiva
    - b) Engenharia genética
    - c) Cruzamento

- d) Seleção natural

38. *Qual é o resultado de um retrocruzamento?
   - a) Aumento da diversidade genética
   - b) descendência com uma composição genética mais próxima de um dos progenitores
   - c) descendência híbrida
   - d) Nenhuma das anteriores

39. *Que termo descreve a produção de descendentes através da combinação de material genético de dois progenitores?
   - a) Reprodução assexuada
   - b) Clonagem
   - c) Reprodução sexual
   - d) Deriva genética

40. *O que significa o termo "raça pura"?
   - a) Um animal com ascendência mista
   - b) Um animal com ascendência desconhecida
   - c) Um animal com ascendência conhecida e registada
   - d) Um animal criado para obter um vigor híbrido

41. *O que é um locus?
   - a) Uma forma variante de um gene
   - b) A posição de um gene num cromossoma
   - c) Um segmento de ADN que não codifica uma proteína
   - d) Uma mutação

42. *Que termo se refere à presença de múltiplos alelos num locus genético dentro de uma população?

- a) Monomorfismo
- b) Polimorfismo
- c) Mutação
- d) Hibridação

Perguntas de escolha múltipla sobre genética básica e reprodução animal -C

1. *O que é a reprodução selectiva?

- a) Acasalamento natural
- b) Escolher pais com caraterísticas desejáveis
- c) Acasalamento ao acaso
- d) Cruzamento

2. *O que é o cruzamento de raças?

- a) Acasalamento de animais da mesma raça
- b) Acasalamento de animais de raças diferentes
- c) Consanguinidade
- d) Inseminação artificial

3. *O que é a consanguinidade?

- a) Acasalamento de animais com parentesco próximo
- b) Acasalamento de animais não aparentados
- c) Cruzamento
- d) Hibridação

4. *O que é o vigor híbrido (heterose)?
   - a) Diminuição do rendimento dos híbridos
   - b) Qualidades superiores na descendência híbrida
   - c) Redução da fertilidade dos híbridos
   - d) Aumento da depressão endogâmica

5. *Que termo descreve a introdução de sémen no trato reprodutor feminino por outros meios que não o acasalamento natural?
   - a) Clonagem
   - b) Engenharia genética
   - c) Inseminação artificial
   - d) Seleção natural

6. *Qual é o objetivo do cruzamento de linhagens?
   - a) Aumentar a diversidade genética
   - b) Concentrar os genes de um antepassado específico
   - c) Para produzir vigor híbrido
   - d) Para ultrapassar o cruzamento

7. *Que método de reprodução envolve o acasalamento de animais não aparentados para aumentar a diversidade genética?
   - a) Consanguinidade
   - b) Procriação em linha
   - c) Outbreeding (outcrossing)
   - d) Retrocruzamento

8. *O que é o retrocruzamento?
   - a) Acasalamento de uma descendência híbrida com um dos seus

progenitores ou com um indivíduo geneticamente semelhante

- b) Acasalamento de indivíduos não aparentados
- c) Cruzamento de duas raças diferentes
- d) Acasalamento dentro da mesma raça

9. *O que é um pedigree?
   - a) Um registo da ascendência de um animal
   - b) Uma mutação genética
   - c) Um tipo de cruzamento
   - d) O fenótipo de um animal

10. *O que é um animal de raça pura?
    - a) Um animal com ascendência mista
    - b) Um animal com uma ascendência conhecida e registada
    - c) Um animal utilizado para a hibridação
    - d) Um animal criado apenas para a produção de carne

11. *Qual é o principal objetivo da reprodução selectiva?
    - a) Produzir descendentes geneticamente idênticos
    - b) Melhorar as caraterísticas desejáveis nas gerações futuras
    - c) Aumentar as doenças genéticas
    - d) Eliminar a diversidade genética
12. *Que termo descreve as caraterísticas observáveis de um organismo?
    - a) Genótipo
    - b) Fenótipo
    - c) Alelo
    - d) Locus

13. *O que é o teste de progenitura?

- a) Testar a qualidade genética de um animal através do exame dos seus traços físicos
- b) Testar a qualidade genética de um animal através do exame do desempenho da sua descendência
- c) Testar o desempenho físico de um animal
- d) Testar a qualidade genética de um animal através do exame dos seus antepassados

14. *Qual é o objetivo da seleção assistida por marcadores (MAS)?

- a) Identificar animais com caraterísticas desejáveis utilizando marcadores moleculares
- b) Aumentar a consanguinidade
- c) Diminuir a diversidade genética
- d) Eliminar as caraterísticas indesejáveis através do acasalamento ao acaso

15. *O que é um traço quantitativo?

- a) Uma caraterística controlada por um único gene
- b) Uma caraterística controlada por múltiplos genes
- c) Uma caraterística não influenciada pela genética
- d) Uma caraterística não hereditária

16. *Que termo descreve a proporção da variação observada numa determinada caraterística que pode ser atribuída a factores genéticos herdados?

- a) Fenótipo
- b) Genótipo

- c) Hereditariedade
- d) Mutação

17. *Que técnica de reprodução é utilizada para manter ou aumentar as caraterísticas desejadas numa raça?
    - a) Extroversão
    - b) Cruzamento
    - c) Procriação em linha
    - d) Hibridação

18. *Qual é o processo que resulta na formação de novas combinações genéticas na descendência?
    - a) Clonagem
    - b) Deriva genética
    - c) Meiose
    - d) Mitose

19. *O que é a deriva genética?
    - a) Alterações aleatórias nas frequências de alelos numa população
    - b) Criação intencional para melhorar as caraterísticas
    - c) Transferência de genes entre populações
    - d) Seleção natural

20. *Qual é o objetivo da seleção genómica nos programas de melhoramento?
    - a) Prever o valor genético dos indivíduos utilizando informação genómica
    - b) Diminuir a diversidade genética

- c) Eliminar as caraterísticas indesejáveis através do acasalamento ao acaso
- d) Aumentar a consanguinidade

21. *O que é a epistasia?
- a) Interação entre genes em que um gene afecta a expressão de outro
- b) A expressão de dois alelos de forma igual
- c) Uma mutação no ADN
- d) A dominância de um alelo sobre outro

22. *Que termo descreve a manipulação direta do genoma de um organismo através da biotecnologia?
- a) Reprodução selectiva
- b) Engenharia genética
- c) Seleção natural
- d) Outcrossing

23. *Qual é o resultado de uma hibridação bem sucedida?
- a) Diminuição da diversidade genética
- b) Aumento das doenças genéticas
- c) Descendência com caraterísticas de ambas as espécies ou raças parentais
- d) Descendência idêntica ao progenitor

24. *O que é a hereditariedade?
- a) A proporção da variação de uma caraterística devida a factores ambientais
- b) A proporção da variação de uma caraterística devida a factores genéticos

- c) A capacidade de reprodução de um organismo
- d) A medida das mutações genéticas

25. *Que termo se refere ao acasalamento de animais de espécies ou raças diferentes para produzir descendentes com caraterísticas de ambos os progenitores?
    - a) Consanguinidade
    - b) Procriação em linha
    - c) Hibridação
    - d) Puro-sangue

26. *Qual é o objetivo da inseminação artificial na criação de animais?
    - a) Aumentar a diversidade genética
    - b) Permitir a reprodução sem acasalamento natural
    - c) Produzir descendentes geneticamente idênticos
    - d) Para reforçar a seleção natural

27. *Que processo é utilizado para garantir que a descendência recebe uma combinação de caraterísticas de ambos os progenitores?
    - a) Clonagem
    - b) Seleção natural
    - c) Reprodução sexual
    - d) Deriva genética

28. *Que termo descreve uma estratégia de reprodução que reduz a diversidade genética e aumenta o risco de doenças genéticas?
    - a) Cruzamento
    - b) Extroversão

- c) Consanguinidade
- d) Inseminação artificial

29. *Qual é o principal objetivo de um programa de melhoramento que utiliza a seleção assistida por marcadores?
- a) Eliminar a diversidade genética
- b) Seleção de caraterísticas através de marcadores moleculares
- c) Aumentar as doenças genéticas
-d) Produzir descendentes geneticamente idênticos

30. *Qual o método de criação que consiste em selecionar os melhores animais com base no seu desempenho e pedigree?
- a) Seleção natural
- b) Teste de desempenho
- c) Reprodução selectiva
- d) Deriva genética

31. *Qual é o resultado da depressão endogâmica?
- a) Aumento do vigor do híbrido
- b) Diminuição do rendimento e aumento das doenças genéticas
- c) Aumento da diversidade genética
- d) Melhoria da saúde e do desempenho

32. *O que é um retrocruzamento?
- a) Acasalamento entre animais não aparentados
- b) Cruzamento de um híbrido com um dos seus progenitores ou com um indivíduo geneticamente semelhante
- c) Acasalamento entre duas raças diferentes

- d) Produzir descendentes geneticamente idênticos

33. *Qual é o papel de um pedigree na criação de animais?
   - a) Rastreio de doenças genéticas
   - b) Registar a ascendência e gerir programas de reprodução
   - c) Aumentar a diversidade genética
   - d) Eliminar as caraterísticas indesejáveis

34. *Qual é o objetivo da seleção genómica?
   - a) Clonar animais
   - b) Prever valores de reprodução utilizando informação genómica
   - c) Produzir descendentes geneticamente idênticos
   - d) Aumentar a consanguinidade

35. *Que termo se refere à composição genética de um animal?
   - a) Fenótipo
   - b) Genótipo
   - c) Híbrido
   - d) Espécies

36. *Que método de reprodução é utilizado para aumentar a frequência de caraterísticas desejáveis numa raça?
   - a) Travessia
   - b) Procriação em linha
   - c) Cruzamento
   - d) Engenharia genética

37. *Qual é a principal vantagem da utilização da inseminação artificial na

criação de animais?

- a) Aumento da diversidade genética
- b) Reprodução controlada e maior utilização de reprodutores superiores
- c) Diminuição da consanguinidade
- d) Acasalamento natural

38. *Que termo descreve a contribuição genética de um indivíduo para a geração seguinte? *

- a) Deriva genética
- b) Valor reprodutivo
- c) Fenótipo
- d) Diversidade genética

Perguntas de escolha múltipla sobre genética básica e reprodução animal -D **Perguntas de escolha múltipla (Genética e reprodução animal)**

Q. No.1, A perda de uma parte do ADN é conhecida como

a. mutação grosseira

b. mutação de transição

c. mutação pontual

d. mutação de deleção

Q. No.2. Regiões de um transcrito primário eucariótico que são removidas durante o processamento do ARNm

a. exão

b. intrão

c. fragmentos de okazaki

d. todas as anteriores

Q. No.3. A proporção da variância fenotípica total ao nível da população que é contribuída pela variância genética

a. Hereditariedade da população

b. Hereditariedade em sentido lato

c. Hereditariedade em sentido restrito

d. nenhuma das anteriores

Q. No.4. A transformação é

a. a incorporação de um plasmídeo numa bactéria b. a expressão de um gene numa bactéria

c. a absorção de um bacteriófago por uma bactéria d. o isolamento de um plasmídeo de uma bactéria

Q. No.5. Escolha a(s) afirmação(ões) correta(s) sobre o código genético

a. inclui 61 codões para aminoácidos e 3 codões de paragem

b. quase universal; exatamente o mesmo na maioria dos sistemas genéticos

c. três bases por códão

d. todas as anteriores

Q. No.6. A seleção com base no desempenho fenotípico de um indivíduo é designada por

a. Seleção artificial

b. Seleção natural

c. Seleção de substituição

d. Seleção fenotípica

Q. No.7. O teste de progénie pode ser utilizado na seleção para

a. Traços qualitativos

b. **Traços quantitativos**

c. Ambos

d. nenhum deles

Q. No.8. BLUP significa

a. Probabilidade provável não enviesada da Boémia

b. Previsão linear não enviesada boémia

c. **Melhor previsão linear não enviesada**

d. Probabilidade não enviesada mais provável

Q. No.9. O termo gene foi cunhado em 1909 por

a. Morgan
b. **Johannsen**
c. Morgan
d. Pontes

Q. No.10. Qual das seguintes não é uma caraterística do ARN celular?

a. contêm uracilo
b. é de fio simples
c. é muito mais curto do que o ADN
d. **serve de modelo para a sua própria síntese**

Q. No.11. O método de seleção que envolve a determinação separada do valor para cada caraterística e, em seguida, a adição desses valores para dar uma pontuação total para todas as caraterísticas

a. Seleção em tandem

b. Seleção em massa

c. Abate independente

d. **Índice de seleção**

Q. N.º 12. Qual dos seguintes elementos NÃO está envolvido na tradução?

a. Aminoácidos

b. **ADN**

c. ARNm

d. rRNA

Q. No.13. A análise QTL é utilizada para

a. identificar os locais de ligação da RNA polimerase

b. mapear genes em vírus bacterianos

c. determinar quais os genes que são expressos numa fase do desenvolvimento

d. identificar regiões cromossómicas associadas a uma caraterística complexa num cruzamento genético

Q. No.14. Os grupos sanguíneos ABO dos seres humanos são determinados por três alelos. Quantos genótipos são possíveis para estes fenótipos?

a. 3

b. 4

c. **6**

d. 9

Q. No.15. Uma curva em degraus na qual as frequências de várias classes arbitrariamente limitadas são representadas graficamente

a. Histograma

b. **Histograma de frequência**

c. Distribuição de frequências

d. Nenhuma das anteriores

Q. No.16. O acasalamento em que se acasalam animais de raça pura da mesma raça é

a. Consanguinidade

b. **Reprodução direta**

c. Procriação em linha

d. Nenhuma das anteriores

Q. No.17. Uma mutação no códão UCG para UAG pode ser descrita como

a. mutação missense

b. mutação neutra

c. mutação silenciosa

d. **mutação de frameshift**

Q. No.18. O processo de seleção geralmente preferido para caraterísticas com elevada hereditariedade nos registos próprios é

a. Seleção de famílias

b. Seleção própria

c. **Seleção em massa**

d. nenhuma das anteriores

Q. No.19. Os genes mais prejudiciais e letais nos animais de criação são

a. Gene dominante

b. **Genes recessivos**

c. Genes parcialmente dominantes

d. ambos a e b

Q. No.20. A interação não-alélica é designada por

a. Domínio

b. Recessividade

c. **Epistasia**

d. Interação aditiva

Q. No.21. A dominância é um exemplo de

a. Interação não-alélica

b. Interação aditiva

c. Epistasia

d. Interação alélica

Q. N.º 22. Os irmãos completos têm

a. Pai comum

b. Mãe e avó comuns

c. **Pai e mãe comuns**

d. Pai e neto comuns

Q. No.23. O termo genética foi cunhado por

a. **Bateson**

b. Punnett

c. Morgan

d. De Vries

Q. No.24. A teoria da pré-formação foi proposta por

a. Bateson

b. **Swammerdam e Bonnet**

c. Weismann

d. Lamarck

Q. No.25. O desvio padrão da média é

a. Quadrado da variância

b. variância/2

c. **Raiz quadrada da variância**

d. Quadrado do erro padrão da média

QUESTION.NO.	ANSWER
01	**d. deletion mutation**
02	**b. intron**
03	**b. Broad sense heritability**
04	**a. the take-up of a plasmid into a bacterium**
05	**d. all of the above**
06	**d. Phenotypic selection**
07	**b. Quantitative traits**
08	**c. Best linear unbiased prediction**
09	**b. Johannsen**
10	d. **serves as template for its own synthesis**
11	d. **Selection index**
12	b. **DNA**
13	**d. identify chromosome regions associated with a complex trait in a genetic cross**
14	**c.6**
15	**b. Frequency histogram**
16	b. **Straight breeding**
17	d. **frameshift mutation**
18	c. **Mass Selection**
19	**b. Recessive genes**
20	**c. Epistasis**
21	**d. Allelic interaction**
22	**c. Common sire and dam**
23	**a. Bateson**
24	**b. Swammerdam & Bonnet**
25	**c. Square root of variance**

Mensagem para os estudantes

O Banco de Perguntas de Escolha Múltipla sobre Reprodução e Genética Animal é um recurso inestimável para os estudantes que pretendem destacar-se nos seus estudos e exames competitivos. Aqui estão as principais utilidades deste banco de perguntas abrangente:

1. Cobertura abrangente

- Vasta gama de tópicos: O banco de perguntas abrange uma grande variedade de tópicos, tanto em reprodução animal como em genética, garantindo uma compreensão holística dos assuntos.
- Níveis básico a avançado: As perguntas são concebidas para responder a alunos em diferentes fases da sua aprendizagem, desde conceitos introdutórios a conceitos mais complexos.

2. Preparação eficaz para exames

- Ambiente de exame simulado: Praticar com perguntas de escolha múltipla ajuda os alunos a familiarizarem-se com o formato e o tempo dos exames competitivos.
- Autoavaliação: O feedback imediato sobre o desempenho permite aos alunos identificar os pontos fortes e fracos, concentrando os seus esforços de estudo de forma mais eficaz.

3. Reforço dos conhecimentos

- Clareza de conceitos: As explicações pormenorizadas fornecidas para cada pergunta ajudam a reforçar os conceitos-chave e a esclarecer quaisquer mal-entendidos.
- Aprendizagem ativa: O envolvimento com diversos tipos de perguntas promove a aprendizagem ativa e uma melhor retenção da informação.

4. Desenvolvimento de competências

- Pensamento crítico: As perguntas são concebidas para desafiar os alunos a aplicarem os seus conhecimentos de forma crítica, melhorando a capacidade de resolução de problemas.
- Aptidões analíticas: A prática regular ajuda a aperfeiçoar as capacidades analíticas, essenciais para interpretar os dados genéticos e tomar decisões informadas em matéria de reprodução.

5. Gestão do tempo

- Ferramenta de estudo eficiente: Organizado em secções fáceis de gerir, o banco de perguntas permite que os alunos se concentrem em áreas específicas, tornando as sessões de estudo mais eficientes.
- Prática cronometrada: A simulação das condições do exame com perguntas práticas cronometradas ajuda a melhorar as competências de gestão do tempo, cruciais para um bom desempenho nos exames reais.

6. Reforço da confiança

- Acompanhamento do progresso: A prática regular e a autoavaliação aumentam a confiança dos alunos à medida que vêem os seus progressos ao longo do tempo.
- Redução da ansiedade nos exames: A familiaridade com os padrões e tipos de perguntas reduz a ansiedade, ajudando os alunos a abordar os exames com uma mentalidade mais calma.

7. Versatilidade

- Utilização flexível: O banco de perguntas pode ser utilizado para estudo individual, discussões em grupo ou actividades na sala de aula, o que o torna uma ferramenta versátil para vários ambientes de aprendizagem.
- Material suplementar: Serve como um complemento valioso para livros didácticos e aulas teóricas, proporcionando prática adicional e reforço de

conceitos.

Em conclusão, o Banco de Perguntas de Escolha Múltipla sobre Reprodução e Genética Animal foi concebido para ajudar os estudantes a dominar estas matérias fundamentais. Ao fornecer uma cobertura abrangente, promover a aprendizagem ativa e desenvolver competências essenciais, este banco de perguntas é um recurso indispensável para os estudantes que procuram a excelência académica e o sucesso em exames competitivos.

Editor

Shahid Ahmad Shergojry & Mussavir ul Nisha

Referências

1. Griffiths AJ, Miller JH, Suzuki DT, Lewontin RC, Gelbart, eds. (2000). "Genética e o Organismo: Introdução". An Introduction to Genetic Analysis (7ª ed.). Nova Iorque: W.H. Freeman. ISBN 978-0-7167-3520-5.
2. "clone". Dicionário Merriam-Webster. Recuperado em 13 de novembro de 2023.
3. "Gênesis (γενεσις)". Henry George Liddell, Robert Scott, um léxico grego-inglês. Biblioteca Digital Perseu, Universidade Tufts. Arquivado do original em 15 de junho de 2010. Recuperado em 20 de fevereiro de 2012.
4. "Genética". Dicionário de Etimologia Online. Arquivado do original em 23 de agosto de 2011. Recuperado em 20 de fevereiro de 2012.
5. "Genetikos (γενετ-ικος)". Henry George Liddell, Robert Scott, um léxico grego-inglês. Biblioteca Digital Perseus, Universidade Tufts. Arquivado do original em 15 de junho de 2010. Recuperado em 20 de fevereiro de 2012.
6. "Haploid". www.genome.gov. Recuperado em 10 de fevereiro de 2024.
7. "Histona". Genome.gov. Recuperado em 28 de setembro de 2022.
8. "Informações sobre o Projeto Genoma Humano". Projeto Genoma Humano. Arquivado do original em 15 de março de 2008. Recuperado em 15 de março de 2008.
9. "Nettie Stevens: A Descobridora dos Cromossomas Sexuais". Escutável. Educação da natureza. Recuperado em 8 de junho de 2020.
10. "Probabilidades em genética (artigo)". Khan Academy. Recuperado em 28 de setembro de 2022.
11. "Ruth Sager". Enciclopédia Britânica. Recuperado em 8 de junho de

2020.

12. "a definição de genética". www.dictionary.com. Recuperado em 25 de outubro de 2018.
13. "A sequência do genoma humano". Science. 291.
14. Alberts et al. (2002), II.4. ADN e cromossomas: O ADN cromossómico e o seu empacotamento na fibra de cromatina Arquivado 18 de outubro de 2007 no Máquina Wayback
15. Avery OT, Macleod CM, McCarty M (fevereiro de 1944). "ESTUDOS SOBRE A NATUREZA QUÍMICA DA SUBSTÂNCIA QUE INDUZ A TRANSFORMAÇÃO DOS TIPOS PNEUMOCÓCICOS : INDUÇÃO DE TRANSFORMAÇÃO POR UMA FRACÇÃO DE ÁCIDO DESOXIRRIBONUCLEICO ISOLADA DE PNEUMOCOCO TIPO III". The Journal of Experimental Medicine. 79 (2): 137-158. doi:10.1084/jem.79.2.137. PMC 2135445. PMID 19871359. Reimpressão: Avery OT, MacLeod CM, McCarty M (fevereiro de 1979). "Estudos sobre a natureza química da substância que induz a transformação de tipos pneumocócicos. Indução da transformação por uma fração de ácido desoxirribonucleico isolada de pneumococo tipo III". Jornal de Medicina Experimental. 149 (2): 297-326. doi:10.1084/jem.149.2.297. PMC 2184805. PMID 33226.
16. Bateson W (1907). "O progresso da investigação genética". Em Wilks, W (ed.). Relatório da Terceira Conferência Internacional de Genética de 1906: Hybridization (the cross-breeding of genera or species), the cross-breeding of varieties, and general plant breeding. Londres: Royal Horticultural Society: Inicialmente intitulada "International Conference on Hybridisation and Plant Breeding", o título foi alterado na sequência do discurso de Bateson. Ver: Cock AG, Forsdyke DR (2008). Treasure

your exceptions: the science and life of William Bateson. Springer. p. 248. ISBN 978-0-387-75687-5.

17. Bateson W. "Carta de William Bateson a Alan Sedgwick em 1905". O Centro John Innes. Arquivado do original em 13 de outubro de 2007. Recuperado em 15 de março de 2008. A carta era para um Adam Sedgwick, zoólogo e "Leitor em Morfologia Animal" no Trinity College, Cambridge

18. Bernstein H, Bernstein C, Michod RE (janeiro de 2018). "Sexo em microbiano patogénicos". Infection, Genetics and Evolution. 57: 8-25. Bibcode:2018InfGE..57....8B. doi:10.1016/j.meegid.2017.10.024. PMID 29111273.

19. Blumberg RB. "O artigo de Mendel em inglês". Arquivado do original em 13 de janeiro de 2016.

20. Cheney RW. "Notação genética". Universidade Christopher Newport. Arquivado do original em 3 de janeiro de 2008. Recuperado em 18 de março de 2008.

21. Frederick B (2010). Gestão da Ciência: Metodologia e Organização da Investigação. Springer. p. 76. ISBN 978-1-4419-7488-4.

22. genetic, adj., Oxford English Dictionary, 3ª ed.

23. genetics, s.f., Oxford English Dictionary, 3ª ed.

24. Gregory SG, Barlow KF, McLay KE, Kaul R, Swarbreck D, Dunham A, et al. (maio de 2006). "A sequência de ADN e a anotação biológica do cromossoma humano 1". Nature. 441 (7091): 315-321. Bibcode:2006Natur.441..315G. doi:10.1038/nature04727. PMID 16710414.

25. Griffiths AJ, Miller JH, Suzuki DT, Lewontin RC, Gelbar, eds.

(2000). "Natureza do crossing-over". An Introduction to Genetic Analysis (7ª ed.). Nova Iorque: W. H. Freeman. ISBN 978-0-7167-3520-5.

26. Griffiths AJ, Miller JH, Suzuki DT, Lewontin RC, Gelbart, eds. (2000). "Patterns of Inheritance: Introduction". An Introduction to Genetic Analysis (7ª ed.). Nova Iorque: W.H. Freeman. ISBN 978-0-7167-3520-5.

27. Griffiths AJ, Miller JH, Suzuki DT, Lewontin RC, Gelbart, eds. (2000). "As experiências de Mendel". An Introduction to Genetic Analysis (7ª ed.). Nova Iorque: W.H. Freeman. ISBN 978-0-7167-3520-5.

28. Griffiths AJ, Miller JH, Suzuki DT, Lewontin RC, Gelbart, eds. (2000). "Genética mendeliana em ciclos de vida eucarióticos". An Introduction to Genetic Analysis (7ª ed.). Nova Iorque: W.H. Freeman. ISBN 978-0-7167-3520-5.

29. Griffiths AJ, Miller JH, Suzuki DT, Lewontin RC, Gelbart, eds. (2000). "Interações entre os alelos de um gene". An Introduction to Genetic Analysis (7ª ed.). Nova Iorque: W.H. Freeman. ISBN 978-0-7167-3520-5.

30. Griffiths AJ, Miller JH, Suzuki DT, Lewontin RC, Gelbart, eds. (2000). "Human Genetics". An Introduction to Genetic Analysis (7ª ed.). Nova Iorque: W.H. Freeman. ISBN 978-0-7167-3520-5.

31. Griffiths AJ, Miller JH, Suzuki DT, Lewontin RC, Gelbart, eds. (2000).
"Interação entre genes e relações híbridas modificadas". An Introduction to Genetic Analysis (7ª ed.). New York: W.H. Freeman. ISBN 978-0-71673520-5.

32. Griffiths AJ, Miller JH, Suzuki DT, Lewontin RC, Gelbart, eds. (2000).

"Quantificação da hereditariedade". An Introduction to Genetic Analysis (7ª ed.). Nova Iorque: W. H. Freeman. ISBN 978-0-7167-3520-5.

33. Griffiths AJ, Miller JH, Suzuki DT, Lewontin RC, Gelbart, eds. (2000). "Mecanismo de Replicação do ADN". An Introduction to Genetic Analysis (7ª ed.). Nova Iorque: W.H. Freeman. ISBN 978-0-7167-3520-5.
34. Griffiths AJ, Miller JH, Suzuki DT, Lewontin RC, Gelbart, eds. (2000). "Cromossomas sexuais e herança ligada ao sexo". An Introduction to Genetic Analysis (7ª ed.). Nova Iorque: W.H. Freeman. ISBN 978-0-71673520-5.
35. Griffiths AJ, Miller JH, Suzuki DT, Lewontin RC, Gelbart, eds. (2000). "Conjugação bacteriana". An Introduction to Genetic Analysis (7ª ed.). Nova Iorque: W.H. Freeman. ISBN 978-0-7167-3520-5.
36. Griffiths AJ, Miller JH, Suzuki DT, Lewontin RC, Gelbart, eds. (2000). "Transformação bacteriana". An Introduction to Genetic Analysis (7ª ed.). Nova Iorque: W.H. Freeman. ISBN 978-0-7167-3520-5.
37. Hamilton H (2011). Genética das populações. Universidade de Georgetown. p. 26. ISBN 978-1-4443-6245-9.
38. Hartl D, Jones E (2005)
39. Hershey AD, Chase M (maio de 1952). "Funções independentes da proteína viral e do ácido nucleico no crescimento do bacteriófago". O Jornal de Fisiologia Geral. 36 (1): 39-56. doi:10.1085/jgp.36.1.39. PMC 2147348. PMID 12981234.
40. Judson H (1979). O Oitavo Dia da Criação: Makers of the Revolution in Biology. Imprensa do Laboratório de Cold Spring Harbor. pp. 51-169. ISBN 9780-87969-477-7.
41. Khanna P (2008). Biologia Celular e Molecular. I.K. International Pvt Ltd. p. 221. ISBN 978-81-89866-59-4.

42.Lamarck, J-B (2008). Em Encyclopædia Britannica. Recuperado de Encyclopædia Britannica Online Arquivado 14 de abril de 2020 no Máquina Wayback em 16 de março de 2008.

43.Luke A, Guo X, Adeyemo AA, Wilks R, Forrester T, Lowe W, et al. (julho de 2001). "Hereditariedade das caraterísticas relacionadas com a obesidade entre nigerianos, jamaicanos e negros americanos". International Journal of Obesity and Related Metabolic Disorders (Revista Internacional de Obesidade e Doenças Metabólicas Relacionadas). 25 (7): 1034-1041. doi:10.1038/sj.ijo.0801650. PMID 11443503.

44.Mayeux R (junho de 2005). "Mapeando a nova fronteira: doenças genéticas complexas". The Journal of Clinical Investigation. 115 (6): 1404-1407. doi:10.1172/JCI25421. PMC 1137013. PMID 15931374.

45.Moore JA (1983). "Thomas Hunt Morgan - O Geneticista". Biologia Integrativa e Comparativa. 23 (4): 855-865. doi:10.1093/icb/23.4.855.

46.Müller-Wille S, Parolini G (9 de dezembro de 2020). "Quadrados de Punnett e cruzamentos híbridos: como os mendelianos aprenderam seu ofício pelo livro". Aprendendo com o livro: Manuais e manuais na história da ciência. Temas do BJHS. Vol. 5. Sociedade Britânica para a História da Ciência / Cambridge University Press. pp. 149-165. doi: 10.1017 / bjt.2020.12. S2CID 229344415. Arquivado do original em 29 de março de 2021. Recuperado em 29 de março de 2021.

4 7.Ohta T (novembro de 1973). "Substituições mutantes ligeiramente deletérias na evolução". Nature. 246 (5428): 96-98. Bibcode: 1973Natur.246...96O. doi:10.1038/246096a0. PMID 4585855. S2CID 4226804.

48.Pearson H (maio de 2006). "Genética: o que é um gene?". Nature. 441 (7092): 398-401. Bibcode:2006Natur.441..398P.

doi:10.1038/441398a. PMID 16724031. S2CID 4420674.

49. Peter J. Bowler, The Mendelian Revolution: The Emergency of Hereditarian Concepts in Modern Science and Society (Baltimore: Johns Hopkins University Press, 1989): capítulos 2 e 3.

50. Poczai P (2022). Hereditariedade antes de Mendel: Festetics and the Question of Sheep's Wool in Central Europe. Boca Raton, Florida: CRC Press. p. 113. ISBN 978-1-032-02743-2. Recuperado em 30 de agosto de 2022.

51. Poczai P, Bell N, Hyvonen J (janeiro de 2014). "Imre Festetics e a Sociedade de Criadores de Ovinos da Morávia: A "rede de investigação" esquecida de Mendel". PLOS Biology. 12 (1): e1001772. doi: 10.1371/journal.pbio. 1001772. PMC 3897355. PMID 24465180.

52. Poczai P, Santiago-Blay JA (2022). "Chip Off the Old Block: Geração, Desenvolvimento e Conceitos Ancestrais de Hereditariedade". Fronteiras em Genética.
13: 814436. doi:10.3389/fgene.2022.814436. PMC 8959437. PMID 35356423.

53. Poczai P, Santiago-Blay JA (julho de 2022). "Temas de herança biológica na criação de ovelhas do início do século XIX, conforme revelado por JM Ehrenfels". Genes. 13 (8): 1311. doi:10.3390/genes13081311. PMC 9332421. PMID 35893050.

54. Poczai P, Santiago-Blay JA (outubro de 2021). "Princípios e conceitos biológicos de hereditariedade antes de Mendel". Biologia Direta. 16 (1): 19. doi:10.1186/s13062-021-00308-4. PMC 8532317. PMID 34674746. O texto foi copiado desta fonte, que está disponível sob uma Licença Internacional Creative Commons Attribution 4.0 Arquivado 16 de outubro de 2017 no Máquina Wayback.

55. Poczai P, Santiago-Blay JA, Sekerák J, Bariska I, Szabó AT (outubro de

2022). "Ovelhas Mimush e o espetro da consanguinidade: Antecedentes históricos para as leis orgânicas e genéticas de Festetics quatro décadas antes dos experimentos de Mendel em ervilhas". Journal of the History of Biology. 55 (3): 495-536. doi:10.1007/s10739-022-09678-5. PMC 9668798. PMID 35670984. S2CID 249433049.

56. Prescott LM, Harley JP, Klein DA (1996). Microbiologia (3ª ed.). Wm. C. Brown. p. 343. ISBN 0-697-21865-1.

57. Rastan S (fevereiro de 2015). "Mary F. Lyon (1925-2014)". Natureza. 518 (7537). Springer Nature Limited: 36. Bibcode:2015Natur.518...36R. doi:10.1038/518036a. PMID 25652989. S2CID 4405984.

58. Rice SA (2009). Enciclopédia da Evolução. Editora Infobase. p. 134. ISBN 978-1-4381-1005-9.

59. Richmond ML (novembro de 2007). "Oportunidades para as mulheres nos primeiros genética". Nature Reviews. Genetics. 8 (11): 897-902. doi:10.1038/nrg2200. PMID 17893692. S2CID 21992183. Arquivado do original em 16 de maio de 2008.

60. Saiki RK, Scharf S, Faloona F, Mullis KB, Horn GT, Erlich HA, et al. (dezembro de 1985). "Amplificação enzimática de sequências genômicas de beta-globina e análise de sítios de restrição para diagnóstico de anemia falciforme". Science. 230 (4732): 1350-1354. Bibcode: 1985Sci...230.1350S. doi:10.1126/science.2999980. PMID 2999980.

61. Sanger F, Nicklen S, Coulson AR (dezembro de 1977). "Sequenciação de ADN com inibidores de terminação de cadeia". Actas da Academia Nacional das Ciências dos Estados Unidos da América. 74 (12): 5463-

5467. Bibcode: 1977PNAS...74.5463S. doi:10.1073/pnas.74.12.5463. PMC
431765. PMID 271968.

62. Sarkar S (1998). Genetics and Reductionism. Cambridge University Press. p. 140. ISBN 978-0-521-63713-8.

63. Science: The Definitive Visual Guide. Penguin. 2009. p. 362. ISBN 9780-7566-6490-9.

64. Stratmann SA, van Oijen AM (fevereiro de 2014). "Replicação do DNA no nível de uma única molécula" (PDF). Revisões da Sociedade Química. 43 (4): 12011220. doi:10.1039/c3cs60391a. PMID 24395040. S2CID 205856075. Arquivado (PDF) do original em 6 de julho de 2017.

65. Sturtevant AH (1913). "O arranjo linear de seis fatores ligados ao sexo em Drosophila, conforme mostrado por seu modo de associação" (PDF). Jornal de Biologia Experimental. 14 (1): 43-59. Bibcode: 1913JEZ.... 14...43S. CiteSeerX 10.1.1.37.9595. doi:10.1002/jez.1400140104. S2CID
82583173. Arquivado (PDF) do original em 27 de fevereiro de 2008.

66. Szabo AT, Poczai P (junho de 2019). "O surgimento da genética das ovelhas de Festetics, passando pelas ervilhas de Mendel até as galinhas de Bateson". Journal of Genetics. 98 (2): 63. doi:10.1007/s12041-019-1108-z. hdl:10138/324962. PMID 31204695. S2CID 174803150.

67. Urry L, Cain M, Wasserman S, Minorsky P, Reece J, Campbell N. "Biologia Campbell". plus.pearson.com. Recuperado em 28 de setembro de 2022.

68. Watson JD, Crick FH (abril de 1953). "Estrutura molecular dos ácidos nucleicos; uma estrutura para o ácido nucleico desoxirribose" (PDF). Nature. 171 (4356): 737738. Bibcode:1953Natur.171..737W.

doi:10.1038/171737a0. PMID 13054692. S2CID 4253007. Arquivado (PDF) do original em 4 de fevereiro de 2007.

69. Watson JD, Crick FH (maio de 1953). "Implicações genéticas da estrutura do ácido desoxirribonucleico" (PDF). Nature. 171 (4361): 964-967. Bibcode:1953Natur.171..964W. doi:10.1038/171964b0. PMID 13063483. S2CID 4256010. Arquivado (PDF) do original em 21 de junho de 2003.

70. Weiling F (julho de 1991). "Estudo histórico: Johann Gregor Mendel 18221884". Jornal Americano de Genética Médica. 40 (1): 1-25, discussão 26. doi:10.1002/ajmg.1320400103. PMID 1887835.

Printed by Books on Demand GmbH, Norderstedt / Germany